核融合 エネルギーの きほん

「核融合エネルギーのきほん」
出版委員会 編

世界が変わる夢のエネルギーのしくみから、環境・ビジネス・教育との関わりや将来像まで

誠文堂新光社

太陽写真：ESA/NASA/SOHO
左・中写真：量子科学技術研究開発機構
右写真：ITER機構

2020年5月の様子

超伝導コイル

日本、米国、欧州、ロシア、中国、韓国、インドの国際協力でフランスにて建設が進む超大型な核融合実験炉ITER（イーター）の建設の様子からのスナップショット。左上：2020年5月におけるITER本体建屋の様子。左下：ITER用円型超伝導コイル。右上：ITER用D型超伝導コイル。右下：円型超伝導コイルの陸上輸送の様子。（写真提供：ITER機構）

超伝導コイルとケース

超伝導コイルの輸送

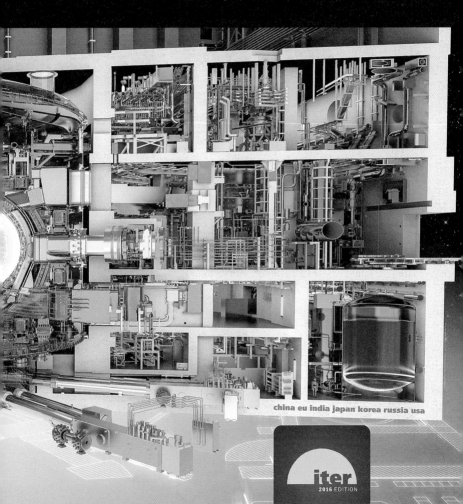

china eu india japan korea russia usa

iter
2016 EDITION

TOKAMAK
&PLANT SYSTEMS

ITERと同じトカマク型と呼ばれる磁場を用いた核融合試験装置で、ITERに向けたプラズマの先行試験と、ITER以後の核融合炉のための研究を行う。2020年3月に完成した。

LHDはLarge Helical Device の略で、ヘリカル型という螺旋形の磁場コイルを用いた核融合装置（第2章4節参照）。ヘリカル型の中でもヘリオトロンと呼ばれる日本独自の方式だ。

（写真提供：核融合科学研究所）

激光Ⅻ号レーザーにより核融合が可能な高密度に燃料を圧縮し、そこに超短パルスのLFEXレーザーを入射してマッチで火をつけるように核融合を着火する方式（第2章17節参照）の試験が行われている。（写真提供：大阪大学レーザー科学研究所）

核融合は宇宙のエネルギー源。それを人類のエネルギーとして使うための開発が進む。それが、本書で解説する核融合エネルギー開発だ。写真は、へびつかい座の渦巻き銀河 M83。わが銀河系も、もし遠くから見ればこのような姿であろう。渦の腕に見える赤い部分はガス星雲で、そこでは新しい星が生まれているはずだ。（写真提供：岡野邦彦）

はじめに

　最近、インターネットを中心に「核融合」に関する記事を見る機会が増えつつある。巻頭カラーページで紹介している2つの大型核融合装置、ITER（イーター）とJT-60SAの建設が国際プロジェクトとして進んでいることと、民間でも核融合に関する起業が活発化しているためだ。核融合は、科学者達の興味の対象としてだけではなく、エネルギー技術としての期待が高まり、機を見るに敏な（あるいは先走っている？）投資家達の熱い視線が注がれる対象でもあるのだ。

　本書を手にした皆さんも、最先端の科学技術として、あるいはエネルギー・環境問題の解決策として、核融合に興味や期待、あるいは疑問を持って注目していることだろう。本書は、難しいとされる核融合の基本について、科学的視点のみならず、現代的かつ社会的な視点も取り入れて紹介する。実は、核融合を取り巻く科学技術の全てを理解することは、専門家にとっても難しい。そこで本書は、核融合の実現に必要な科学技術の細部に踏み込み過ぎず、全体像の理解の助けとなることを意識した。物足りないと感じられる読者向けに、核融合を学ぶための教育に関しても紹介しているので参考にしてほしい。

　本書は、科学技術の発展に伴うエネルギー・環境問題に関する社会情勢の急激な変化によって、核融合の開発が始まった頃や高度成長期とは、エネルギーに関する視点が大きく異なっていることも強く意識している。その上で、人類がSDGs（持続可能な開発目標）を達成し、更なる雄飛を望むのであれば、核融合はエネルギー技術の主役のひとつとして、未来社会の創造に貢献できることを紹介する。

　皆さんの将来や人類の未来を考えるために、あるいは核融合への投資価値を判断するために、本書が役立てば幸いである。

核融合エネルギーのきほん　目次

第3章　核融合エネルギーの安全と環境問題　95

第4章　核融合エネルギーとビジネスについて　115

第5章　教育現場で核融合の理解を深める　127

COLUMN

第1章

核融合エネルギーとは
なにか？

● ● ● ● ● ●

1-01

100年先、1000年先の人類のために
核融合エネルギーが拓く未来

　未来の人類は、どこまで遠くに行けるようになるのだろう。1977年に打ち上げられたボイジャー1号は、2012年に太陽圏（太陽の重力が影響を及ぼす範囲、いわゆる太陽系）を脱出し、2020年の段階において、地球より遥か彼方の222億kmに到達している。月までの距離は38万kmだから、そのおよそ6000倍だ。もしも人類が、このような宇宙の彼方で暮らしを営むのであれば、なにかエネルギー源が必要となる。太陽から1億5000万km離れた地球上での太陽エネルギーは1㎡あたり最大1370W程度であるが、そのエネルギー密度は距離の2乗に反比例して減るから、太陽から2億2800万km離れた火星上では最大590W程度、7億7800万km離れた木星では50W程度まで低下してしまう。だから木星よりも遠くを目指すボイジャーのような惑星探査機は、もはや太陽電池では十分な電気を供給できないので、その多くは放射性同位体の崩壊熱を利用して発電する原子力電池を搭載している。

　人類が1000年先まで文明を維持・発展させ、そしてより遠くの宇宙を目指す限り、太陽に頼らないエネルギー源が必須となる。原子力発電は、地上のエネルギーを賄うには十分であると考えられるが、遠い宇宙を目指す1000年後の人類にとって利用可能なエネルギー源の候補になるもの、それは「核融合炉」である。

　1000年後の遠い未来のエネルギー源に目を向けずとも、地球温暖化（気候変動）がエネルギー源から出る二酸化炭素が主な原因であることから、その解決は喫緊の課題だ。安定したエネルギーを大量に供給可能な核融合炉は、近未来においても重要な目標となっており、その開発は、着実に進められている。核融合炉の実現は、人類が将来も持続可能であるかどうかを示す、一つの灯であるといえよう。

▶ボイジャーの軌道と 1000年先の未来

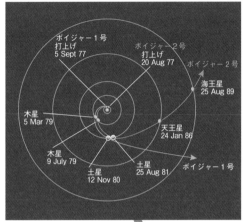

もっと遠くへ…
1000年先の未来へ…

▶地球上空での太陽光の パワー密度

太陽表面での光パワーの密度は1m²あたり約6万kWもある。それが、図のように1.5億kmはなれた地球の軌道を含む球面上に広がるので、そこでの光パワーの密度は1m²あたり1.4kWになる。太陽からはなれると、距離の2乗に反比例して太陽からのパワーは減っていく。

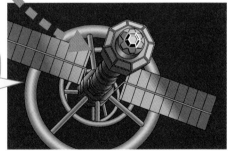

太陽表面	63,300kW/m²	
地球	1.5億km 1,370W/m²	
火星	2.3億km 590W/m²	
木星	7.8億km 50W/m²	

宇宙探査で使われる原子力電池　　COLUMN

　ここでいう原子力電池とは、原子力発電所（原子炉）で使われているウランの核分裂を使うのではなく、長時間にわたって静かに放射線を出し続ける放射性物質を使い、その放射線が出す熱で電気を作るものである。通常の発電のように回転する発電機はなく、熱電変換素子というもので、熱から電気を静かに作り出す。その効率は数％で発電機よりはるかに効率が低いが、可動部がないので補修ができない宇宙探査機ではよく使われる。

1-02

人類はいかにエネルギーを利用してきたか
人類のエネルギー利用の変遷

　人間が他の動物と異なる点の一つとして、火の利用が挙げられる。50万年前のものと思われる北京原人の遺跡には、火を使っていた痕跡が残されている。火を利用することによって、人類は自らの栄養状態を改善し、暮らしを豊かにし、遂には巨大文明をおこすまでになった。

　一方で、火の利用は森林の伐採を引き起こし、各地の文明が滅ぶ要因となったともいわれている。ヨーロッパでは、西暦1300年頃には既に森林資源が激減し、木材価格が高騰したため、それまでは打ち捨てられていた石炭を利用し始めた。石炭は、一般家庭の暖房や炊事の燃料として使われるようになり、また鉄鋼の製造に用いられていた木材は石炭に置き換わるまでに至った。さらには、蒸気機関の発明によって、石炭は工場や船舶で用いられるようになり、その後の技術革新を根幹とする「産業革命」を推進するエネルギー源となったのである。

　このように、人類が自らの生活を維持することだけではなく、より豊かな生活を望むことによって、エネルギー需要量は増大し、身近なエネルギー源だけでは不足するようになる。その不足によって従来のエネルギー源の価格が高騰し、その結果、新しいエネルギー源が価格競争力を得て、増え続けるエネルギー需要に応えられるようになっていく。すなわち、現段階では高価なエネルギー源も、他のエネルギー源の利用性の低下や、その調達リスクの大きさによっては、将来実用化が見込まれるであろうということを歴史から学ぶことができる。

▶人類のエネルギー利用の変遷

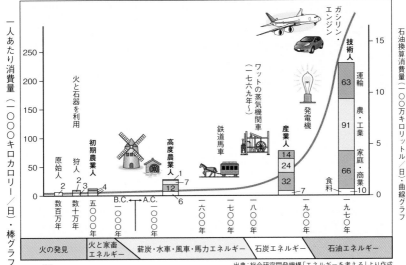

一人あたり消費量（一〇〇〇キロカロリー／日）・棒グラフ

石油換算消費量（一〇〇万キロリットル／日）・曲線グラフ

火と石器を利用

初期農業人

高度農業人

ワットの蒸気機関車（一七六九年〜）

技術人

原始人
狩人

産業人

発電機

ガシリン・エンジン

鉄道馬車

風車

	63	運輸
	91	農・工業
14	66	家庭・商業
24		
32		
食料	10	

数百万年　数十万年　五〇〇〇年　B.C.←→A.C.一〇〇〇年　二〇〇〇年　一六〇〇年　一七〇〇年　一八〇〇年　一九〇〇年　一九七〇年

| 火の発見 | 火と家畜エネルギー | 薪炭・水車・風車・馬力エネルギー | 石炭エネルギー | 石油エネルギー |

出典：総合研究開発機構「エネルギーを考える」より作成

Roger Fouquet and Peter J.G. Pearson, The Energy Journal, Vol.27, pp.139-177 に基づき著者が作成。

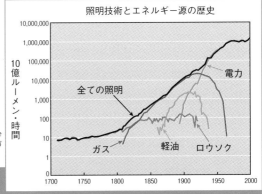

照明技術とエネルギー源の歴史

10億ルーメン・時間

全ての照明

電力

ガス　軽油　ロウソク

人類の光源 エネルギー変遷

C⦿LUMN

　図は人類が照明に利用してきたエネルギー源の変遷を示す。18世紀以前はロウソクが主たる光源だったが、やがてガス灯が使われるようになる。19世紀に軽油ランプが加わるが、ガス灯はガス管によるガス供給でずっと点灯できる利便性があり、軽油ランプもガス灯を完全に置換はできなかった。20世紀にガス灯を完全に駆逐したのは電灯であった。

1-03

一人当たりのエネルギー消費量からわかる
人類の進歩とエネルギーの話

　右ページの図に示すように、人類のエネルギー消費量は、産業革命以降に急速に増えている。また、第二次世界大戦後に工業化の時代が到来し、エネルギー需要の増加に応えるように、エネルギー源の主役は石炭の利用を残しつつも石油に移っている。

　その後の1970年代の石油ショックは、原子力エネルギーの利用を増大させたが、石油など化石エネルギーへの依存度は低下することなく、二酸化炭素の放出量の増加によって、気候変動リスクは今も重要な課題である。そして21世紀には、省エネルギー技術の向上や地球温暖化問題へ意識の向上もあって、先進国ではエネルギー需要の上昇に歯止めがかかりつつあるようにみえるが、新興国の人口増はとどまることを知らず、結果として世界全体のエネルギー需要は増加を続けている。

　2011年の福島第一原子力発電所の事故は、重大事故が起こったときの深刻さを再認識させることになり、これまで原子力を推進してきた先進国の一部での原子力利用の停滞を引き起こした。一方、電力需要が急増中で供給電力を確保したい新興国においては、原子力発電を推進する国はいまも多い。太陽光発電や風力発電など、再生可能エネルギーへの期待は高まっているが、その導入に伴う電力価格の上昇を引き起こしており、天候に左右され必要な時に必要な量を発電できない、などの利便性の低さは現状では改善できていない。

　このように、人類は文明を維持し発展させる中で、新たなエネルギー源に向けた技術革新によって、エネルギー需要の増加に応えてきた。現在利用しているエネルギー源のコストが増大すれば、技術革新で登場してきた新たなエネルギー源の出番となるのである。次なるエネルギー源の候補は既にその芽を出し始めているのである。

▶人類の歴史とエネルギー消費の増大

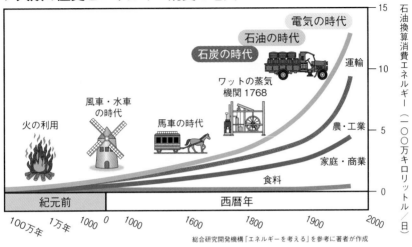

エネルギー消費量は産業革命以後増え始め、石油利用により急増してきた。

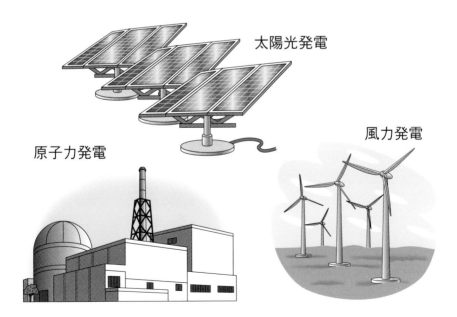

1-04

火のエネルギーで生じるものとは?
ものが燃えるしくみを知る

　ものを燃やしたときの「火」が持っている熱は、私たちの生活のいろいろなところで使われている。自動車もその熱でエンジンを動かしている。家庭の電気も、石炭、石油、ガスを燃やしてその熱で発電していることが多い。

　たいていのものは、燃やすと、エネルギーといっしょに「二酸化炭素」というガスが出てくる。地球温暖化を進めるといわれているあのガスだ。このガスは、別名で「炭酸ガス」「CO_2(シーオーツー)」ともいう。

　ものを燃やすとなぜ二酸化炭素が出るのか説明しよう(図参照)。石油、ガス、石炭、木材、紙でも、燃えやすいものは、炭素と水素という物質を多く含んでいる。「ものが燃える」とは、燃えやすい物質が空気の中の酸素と合体することである。

　炭素が燃えると、酸素と合体して二酸化炭素になる。水素が燃えて酸素と合体してできるものは「水」である。

　つまり、物質の中の炭素と水素が燃えるとCO_2だけでなく、水も出る。右の写真はガスが燃えている炎だが、この炎からも水は出ている。しかし、それは見えない。出るのは透明な水蒸気だからだ。鍋から上がる水蒸気は白く見えるが、鍋から離れると消えていく。これは、水蒸気がなくなったのではなく、白く見えた小さな水滴も蒸発して、本来の透明な水蒸気になったからだ。

▶ものが燃えると熱と二酸化炭素が発生する

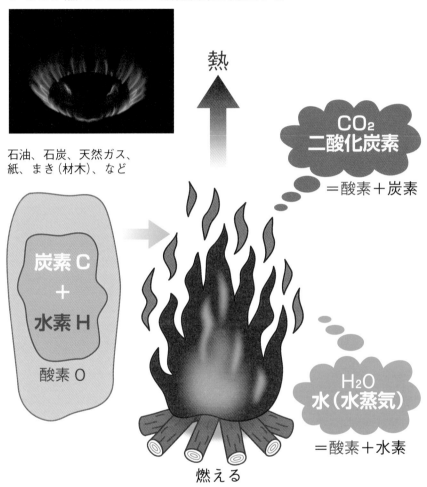

石油、石炭、天然ガス、
紙、まき（材木）、など

熱

CO_2
二酸化炭素
＝酸素＋炭素

炭素C
＋
水素H

酸素O

H_2O
水（水蒸気）
＝酸素＋水素

燃える

燃えるとは、物質が酸素と合体することだ。その時に熱がでる。

化学記号　　　　　　　　　　　　　　COLUMN

　炭素は記号（化学記号）で書くとCだ。水素はHで、酸素はOと書く。二酸化炭素の
記号CO_2とは、炭素1個と酸素2個でできていることを表している。CとHからなる物質
は、炭化水素という。水の記号はH_2O（エッチ・ツー・オー）である。水は、水素2個と
酸素1個でできている。

分解に必要なエネルギー以上は取り出せない…
水素は燃えるがエネルギー源に
ならない理由

　ものを燃やしたときに二酸化炭素が出るのは、炭素と酸素が合体するからである。この合体を酸化という。「燃える」とは「酸化」なのだ。

　水素については、燃えて酸化すると水になる。だから純粋な水素ガスを燃やすなら、二酸化炭素は出ず、出るのは水だけだ。

　水素は水の電気分解で作れる。水は、ほとんど無限にあるから、水から作れる水素を燃料に、どんどんエネルギーを作れば、二酸化炭素も出ないから、地球温暖化は解決できる・・・これは非常によくある誤解だ。確かに水素を燃やしても水しか出ないが、水素単独の状態（水素ガス）は資源としては地球上にほとんどない。

　水から水素を取り出すには、電気分解をしたり、水を高温（数千度）にして分解する必要がある。注意したいのは、水から水素を作るには、エネルギーが必要という点だ。さらに注意すべきは、作った水素で出せるエネルギーは、分解に必要だったエネルギーを超えることはない。水から水素を作って、それを燃やしても、全体としてはエネルギーを損する。「海水が石油に代わる」なんて、そんなうますぎる話は、やはりないのだ。しかし、電気分解で水素を作り、その水素で発電すれば、分解時の電気を水素に貯蔵して、あとで使うことができる。すなわち、水素はエネルギーを貯蔵できる便利な物質ということになる。太陽光発電など電気出力が不安定な発電でも、そのままでは使いにくくても、水素で電気を貯蔵できれば、欲しい時に安定して電力を供給できるようになるかもしれず、いまよりもっと上手に使えるかもしれない。

▶水素の作り方

●水力、太陽光、風力で作った電気で水を電気分解
●原子力や核融合で発電した電気で分解
　　◎　CO_2が出ない
●植物やごみから水素を抽出（バイオマス）
　　◎　CO_2は循環（非増加）

〔国産エネルギー〕

●火力発電した電気で分解
　　×　CO_2が出る
●天然ガス、石油、石炭から水素を抽出（改質という）
　　◎　コストが安い。現状はほぼすべてこの方法
　　×　CO_2はガソリンにして走るよりたくさん出る
●電気が安い国で水を電気分解して水素で輸入

〔輸入エネルギー〕

水素は石油やガスから製造できるが二酸化炭素が出る。自然エネルギーや核融合で発電して水を電気分解すれば二酸化炭素が出ない。火力発電の電気で電気分解すれば二酸化炭素が出る。作り方しだいで輸入エネルギーにも国産エネルギーにもなりうる。

▶水素自動車と電気自動車のエネルギー

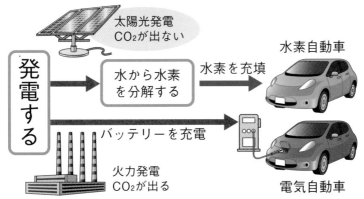

水素自動車と電気自動車　　COLUMN

　水素を燃料に自動車を走らせることができる。この場合の水素は、「エネルギーを貯蔵できて自動車などにも積める」という意味で便利な「エネルギー貯蔵物質」としての役割が期待されている。いわば水素はバッテリーの代わりである（上の図）。バッテリーも充電しないと電気は出ない。その代わりに電気で作った水素を使い、車内で発電するということである。水素自動車と電気自動車が競い合っている点も、エネルギー貯蔵としてどちらが良いのか、なのだ。

1-06

水素を使うが「酸化」とは異なる
太陽はどうして燃えているのか？

　私たちを照らす太陽も、ほとんどが水素でできている。熱く、明るく輝いているのは、その内部の水素が燃えているからだ。ただし、その燃え方は、前節で説明した酸化とはまったく違う。酸素は関係なく、水素同士が合体してエネルギーを作り出している。これを水素原子核の融合という。水素以外の元素でも融合するので、このような反応を「核融合」と呼ぶ（この後のページで詳細に解説）。

　太陽の中心部は約1600万度で、しかも重力によって圧縮されて超高密度になっている。この高温と高密度によって、太陽の中心部では水素の核融合が起きている。太陽は大きな重力を持っているが、核融合により高温になって膨張しようとする力と、この重力による収縮がちょうど釣り合って、天然の核融合炉として46億年も燃え続けてきたのだ。

　太陽内部のプラズマの温度は、中心から離れるにつれて下がっていき、太陽本体（光球）の表面は6000度である。光球の外には、大気にあたる彩層（1万度）とコロナ（100万度）がある。これらは非常に薄い密度だが光球表面よりは温度が高いことになる。温度が高くなる理由は研究の的であるが、プラズマが表面で加熱されるしくみがあると予想されている。また、表面で大爆発が起こり、それで急加熱されたフレアは2000万度に達することがある。しかし、超高温ではあっても、プラズマの密度は薄く、核融合はほとんど起こらない。太陽のすべてのエネルギーは中心部の核融合で発生しているのである。

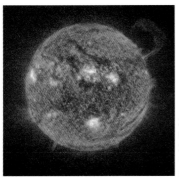

太陽が燃えるのに必要な、莫大なエネルギーは、中心部での、水素の核融合反応によってもたらされている。写真は、太陽観測衛星SOHOによって撮影された、活発に活動する太陽の姿。巨大なプロミネンスも見える。
（写真：ESA/NASA/SOHO）

▶太陽大気の構造と温度

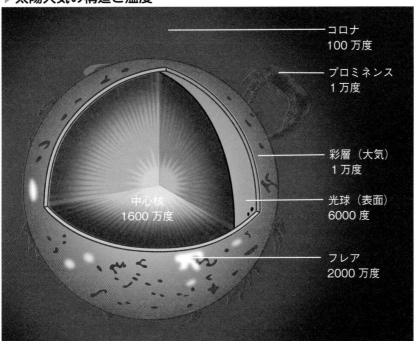

コロナ
100万度

プロミネンス
1万度

彩層（大気）
1万度

光球（表面）
6000度

中心核
1600万度

フレア
2000万度

太陽の色は白く電球は赤い　COLUMN

　私たちに見える太陽の光は、この表面からの光だ。だから、人の目はこの6000度で輝く太陽表面からの光を「白色光」と感じるように進化してきたのだ。ちょっと昔のフィラメント式電球は、タングステン製フィラメントが溶けない3000度程度で光っていたので、太陽より温度が低く、やや赤い光だった。

1-07

「核融合」のしくみ
水素のもう一つの燃え方を知ろう

　水素を燃料とする燃料電池自動車は、空気を取り込み廃棄物として水しか出さないので、環境に優しい次世代カーとして期待されている。燃料である水素分子H_2と空気中の酸素分子O_2が結合して、水H_2Oが生成される化学反応をエネルギーとして自動車を走らせている。

　水素原子は原子核（陽子1個）の周りを電子1個がぐるぐる回っている。ここで水素原子を野球のドーム球場になぞらえてみよう。水素の原子核は非常に小さくて1cm程度のアメ玉くらいになる。電子はドーム球場の周りをクルクル周回しながらドーム球場の屋根を形づくっている。まさに水素ドーム球場である。

　水素は水素分子H_2となっているが、これは2つの水素ドームが並んでいる状態といってもよい。しかもドームの屋根を構成している電子が、2つの水素ドームを往来することで、2つの水素ドームをくっ付けて（結合させて）いるのである。

　そこに酸素ドームが近づいてくると、水素同士で結合しているより、水素と酸素の方が結合しやすいし、酸素は水素2つと結合する能力があるので、酸素ドーム1つと水素ドーム2つが合体し、水分子H_2Oが形成される。この水素と酸素の化学反応の時にエネルギーが放出される。

　ここで注意しておきたいのは、水素は燃えて水分子になっても、酸素と結合した水素原子として残っている。つまり水素は燃えても、結合する相手が変わるだけで、水素原子自身は変化しない。このように、どんな化学反応も、反応前と反応後では原子の結合相手は変わるが、原子自身およびその数は変わらない。その昔、人類は金を人工的に精製したいと試行錯誤を続けた。しかし、化学反応では、決して新しい元素は生まれないので、錬金術の研究はすべて失敗に終わった。

▶水素を燃料とする自動車

燃料電池自動車

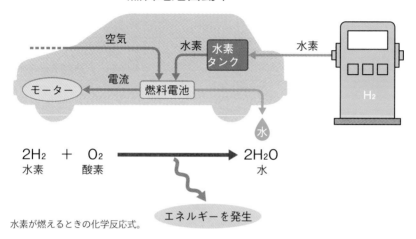

$$2H_2 + O_2 \longrightarrow 2H_2O$$

水素　　　　酸素　　　　　　　　　　　　水

エネルギーを発生

水素が燃えるときの化学反応式。

▶H₂O 分子を野球ドームにたとえると

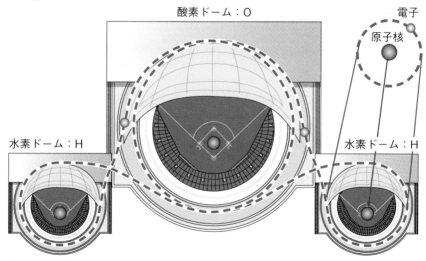

原子をドーム球場の大きさとすると、ピッチャーマウンドに1cm程度のアメ玉の原子核があり、電子はドーム屋根を動きまわる。水素分子はこのドームが2個あって、電子が2つのドームを8の字を描きながら周回している。水分子 H₂O は、やや大きめの酸素原子のドームの斜め下に水素原子のドームが2個ある。水素の電子は、水素ドームと酸素ドームの屋根を8の字を描きながら周回している。

図は H₂O 分子を理解しやすいように描いた略図なので、実際の O と H の配置、軌道のラインとは異なる。また、同様の理由で、本文ではピッチャーマウンドをドームの中央とした。

　それでは、核融合という燃え方はどのようなものか？　太陽でも水素が燃えてエネルギーを放出している。この反応をドームでイメージすれば、水素ドームの中央にある小さな原子核が、となりの水素ドーム中央の原子核と合体する反応が起こっている。水素の原子核が合体（融合）するので、これを核融合反応と呼ぶ。化学反応では、ドームの屋根を回る電子が水素原子を結合させていたから、ドーム中央の原子核が出会って合体することはあり得なかった。

　水素の原子核は陽子１つでできている。この水素の原子核同士が合体すると、陽子２つの原子核が生成される。陽子が２つの原子核とは、原子番号が２番の元素でヘリウム（記号 He）である。つまり、水素原子核が合体して新しい元素ヘリウムが生成されるのであり、昔の錬金術ではできなかった新元素が生まれる。ちなみに、太陽では水素の原子核４つが合体している（コラム参照）。

　水素が燃えるとは、酸素と結合して水ができる「化学反応」と、太陽で起きているような水素の原子核どうしが合体する「核融合反応」がある。核融合反応で発生するエネルギーは化学反応の約100万倍なので、核融合反応なら、わずかな燃料で膨大なエネルギーを出せる。

$$2 \times H_2 + O_2 \rightarrow 2 \times H_2O$$

化学反応による水素の燃焼では
原子の種類や個数は変わらない

$$4 \times H \rightarrow He$$

核融合反応による水素の燃焼では
原子の種類が変わる

▶エネルギーの発生

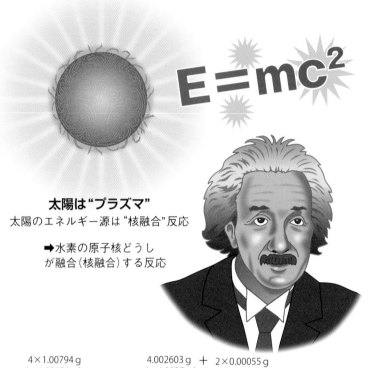

$$E = mc^2$$

太陽は"プラズマ"
太陽のエネルギー源は"核融合"反応

➡水素の原子核どうし
が融合（核融合）する反応

4×1.00794g　　　　　4.002603g ＋ 2×0.00055g
（＝4.03176g）　　　（＝4.0037g）

4 水素　　　→　　ヘリウム ＋ 2e⁺

太陽では4つの水素原子核が合体して、ヘリウムと2つの陽電子が生成されている。合体する前と後で質量がほんの少し（1％弱）軽くなっている。軽くなった質量（質量欠損と呼ぶ）がエネルギーとなる。

消えた質量のゆくえ　　　　COLUMN

　上図にあるように、太陽内の核融合反応では、反応前の水素の原子核4つの質量は4.032gであるのに対して、反応後のヘリウムと陽電子2つの合計の質量は4.004gで、反応後の質量合計は約0.03g軽くなっている。質量はどこに消えたのか？　有名なアインシュタインは、「消えた質量はエネルギーに変わった」といったのだ。そのエネルギーは、有名な式$E=mc^2$で表現される。ここでmが消えた質量、cは光速度（30万km/sec）である。太陽のように4gの水素が核融合反応を起こして発生するエネルギーは、石油62トンを燃やして発生するエネルギーと同じ、つまり約1500万倍のエネルギーが発生する。

1-08

核融合のエネルギー源は「水」

ほぼ無尽蔵の海水が燃料となる

太陽は水素の核融合反応がエネルギー源だが、その燃料となる水素は水 H_2O という形で、この地球のどこにでも豊富に存在している。ただしこの地上で核融合エネルギーをまず実現させるためには、同じ水素でも、普通の水素より少し重い水素を使う必要がある。

元素は、原子核とその周りを周回する電子で構成されているが、原子核をさらに詳しく見てみると、プラスの電気を持った陽子と電気的に中性な中性子の集合体となっている。例えば、ヘリウムは陽子2個と中性子2個からできており、炭素は陽子6個と中性子6個からできている。元素の性質は陽子の数によって決まり、元素名と陽子数の番号が与えられる。それを並べたのがメンデレーエフの作成した周期律表（右上図）だ。

原子核に含まれる中性子の数は陽子と同じか少し多くなっている。例えば陽子が3つの元素リチウム（Li）は中性子が3つの場合と4つの場合がある。どちらも陽子が3つなのでリチウム原子と呼ばれるが、中性子の数が違うのでお互い兄弟姉妹のようなものだ。これを同位体と呼ぶ。

普通の水素原子は、陽子の数が1つ、中性子はゼロだ。中性子がゼロ元素は水素の他にはない。ただし、中性子が1個または2個入った水素も天然に存在している。この水素の同位体をそれぞれ重水素と三重水素と呼ぶ。この重水素と三重水素を使った方が核融合を格段に起こしやすいので、現在の核融合研究ではそれらを燃料として使うことを考えている。重水素は水素原子7000個の中に1個ある。海水の中の水素のうち1/7000は重水素ということだから、この地球には核融合の燃料「重水素」は、ほぼ無尽蔵にあるといってよい。もう一方の燃料、三重水素は天然にはわずかしかないが、その入手方法は第2章で説明する。

▶元素の周期律表

1																		18
1 H	2											13	14	15	16	17		2 He
3 Li	4 Be																5 B	6 C	7 N	8 O	9 F	10 Ne
11 Na	12 Mg	3	4	5	6	7	8	9	10	11	12	13 Al	14 Si	15 P	16 S	17 Cl	18 Ar
19 K	20 Ca	21 Sc	22 Ti	23 V	24 Cr	25 Mn	26 Fe	27 Co	28 Ni	29 Cu	30 Zn	31 Ga	32 Ge	33 As	34 Se	35 Br	36 Kr
37 Rb	38 Sr	39 Y	40 Zr	41 Nb	42 Mo	43 Tc	44 Ru	45 Rh	46 Pd	47 Ag	48 Cd	49 In	50 Sn	51 Sb	52 Te	53 I	54 Xe
55 Cs	56 Ba	57〜 71	72 Hf	73 Ta	74 W	75 Re	76 Os	77 Ir	78 Pt	79 Au	80 Hg	81 Tl	82 Pb	83 Bi	84 Po	85 At	86 Rn
87 Fr	88 Ra	89〜 103	104 Rf	105 Db	106 Sg	107 Bh	108 Hs	109 Mt	110 Ds	111 Rg	112 Cn	113 Nh	114 Fl	115 Mc	116 Lv	117 Ts	118 Og

原子核内の陽子数が原子番号になっている。

▶水素、ヘリウム、リチウム、および炭素の原子核（陽子と中性子）

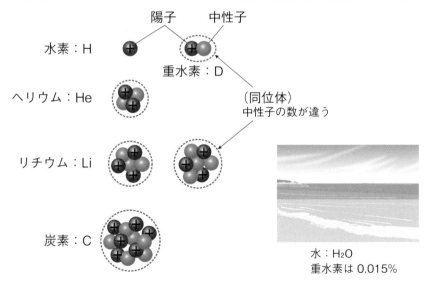

中性子の数が違う原子核を同位体という。同位体の化学的性質は同じだが、核反応の特性は大きく異なる。水素の同位体である重水素は0.015%の割合で天然に存在している。

太陽と同じように夜空に輝く星々
恒星は核融合で輝いている

　私たちを照らす太陽では、水素の核融合が起きて輝いていることを
p.28で説明した。太陽のように自分で核融合を起こして光りつづける
星を「恒星」という。夜空に輝く星々のうち、月と惑星（水星・金星・
火星・木星・土星*）、それから稀にやってくるほうき星（彗星）など
を除く大多数の星々は恒星である。星座を構成している星は、全部が恒
星なのだ。もっと暗いものを含めて、目で見えるとされる恒星は、6等
星までが見えるとして、全天で6000個とされる。

　いつまでも輝いているように思える恒星にも、実は寿命があり、いつ
かは燃え尽きてしまう。その最後は爆発することもあるし、静かに暗く
なって消えていくこともある。どちらの場合にも、その内部の物質は、
宇宙にガスとして拡散する。その結果が、「ガス星雲」と呼ばれる雲状
の天体で、とりわけ明るくて有名なのは目視でも見えるオリオン座のオ
リオン大星雲だ。右ページ写真は、オリオン大星雲のカラー画像と、そ
の中央付近（黒丸内部）を赤外線カメラで拡大撮影したものだ。赤外線
のほうが、ガスの輝きに邪魔されずに星雲の内部の星々まで見える。

　このようなガス星雲の中では、だんだんガスが集まって、また新しい
星が生まれる。オリオン大星雲の中央には、そうやって生まれてきて核
融合で燃え始めたばかりの若い星が輝いている（右下の円内中央）。こ
れらはトラペジウムと呼ばれ、生まれて燃え始めてから1万年程度と考
えられている。太陽の年齢が46億年であることから考えれば、これら
の星がいかに若い星であるかがわかるだろう。宇宙規模でいえば、生ま
れたばかり、すなわち核融合を始めたばかりの星といえる。

*惑星のうち天王星と海王星は目視では見えないほど暗い。

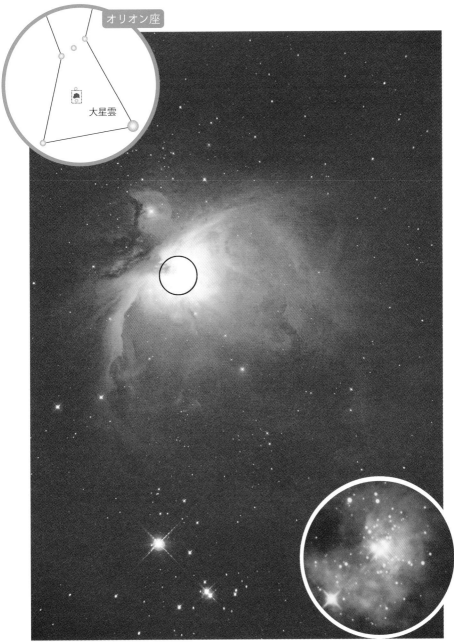

オリオン座

大星雲

オリオン大星雲とその中心部（黒丸内）の赤外線画像（右下）。円内の中央付近に輝く明るい星の集団はトラペジウムと呼ばれ、星雲内で生まれたばかりの星々で、その光がオリオン大星雲全体を光らせている。（写真提供：岡野邦彦）

核融合に欠かせないプラズマとは？

物質の第四の状態「プラズマ」を知る

　太陽では水素の原子核同士が合体してヘリウムの原子核になるという核融合反応が起こっているが、この地球で水素原子Hを2つ近づけても、水素ドームが2つ並んだ状態の水素分子H_2になるだけで、太陽と同じようにヘリウムはできない。

　2つの水素ドームは、電子が周回しているドームの屋根で結合しているので、水素の原子核は、それぞれの水素ドームのピッチャーマウンドの上にあり、かなり離れた状態のままである。両方の中央にいる水素の原子核をくっつけるためには、ドーム球場の屋根（周回している電子）を取り払う必要がある。ところで電子は地球の周りを周回している人工衛星のようなものなので、人工衛星のスピードを上げてあげれば地球を周回しないで宇宙空間に飛んでゆくことができる。水素原子も数千度以上の高温にすると、電子が原子核の周りに結合している以上の力でぶつかり合うようになり、衝突で弾き飛ばされた電子は周回できなくなり自由に飛んで行ってしまう。つまり、電子は原子核からの拘束を逃れ、原子核と電子が自由に運動している状態になる。これをプラズマ状態（または単にプラズマ）という。つまり、どのような物質も温度を上げるとプラズマになるので、プラズマは固体・液体・気体に続く"物質の第四の状態"と呼ばれている。

　プラズマになれば、原子核は電子の屋根で守られていないので、原子核同士が衝突し、時には衝突と同時に合体する可能性が生まれる。したがって、核融合を起こすためにはプラズマであることが必要となる。因みに、太陽の中でも、水素原子や水素分子（原子核の周りを電子が回っている）の気体ではなく、水素の原子核（陽子）と電子が自由に飛び回っているプラズマ状態になっている。

▶物質のそれぞれの状態

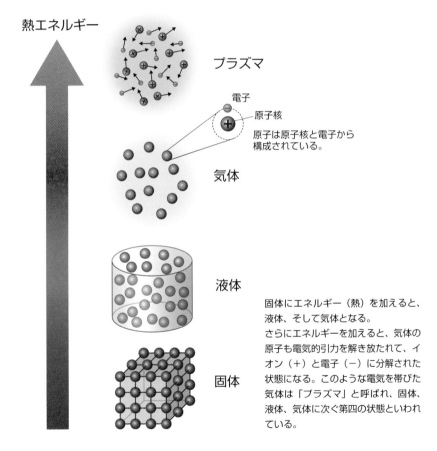

熱エネルギー

プラズマ

電子
原子核
原子は原子核と電子から
構成されている。

気体

液体

固体

固体にエネルギー（熱）を加えると、
液体、そして気体となる。
さらにエネルギーを加えると、気体の
原子も電気的引力を解き放たれて、イ
オン（＋）と電子（－）に分解された
状態になる。このような電気を帯びた
気体は「プラズマ」と呼ばれ、固体、
液体、気体に次ぐ第四の状態といわれ
ている。

地上で核融合を起こすには1億度が必要
日本の核融合試験装置
JT-60Uでは、5.2億度を達成

　水素は数千度以上になると、水素原子核の陽子と電子が自由に飛び回った状態になる。これをプラズマ状態という。ドームの例で例えると、プラズマ状態ならドーム中央の陽子（水素の原子核）が電子の屋根で守られていないから、陽子同士が合体する核融合が可能となる。しかし、陽子はプラスの電気を持っているので、近づくと陽子同士は電気的に反発してしまい、合体させることが大変難しい。ところがヘリウムの原子核を見てみると、陽子2つが合体しているではないか！　これは電気的に反発する力とは別に、陽子同士を合体させる力が働いているからなのだ。これを核力とか強い相互作用の力という。ただし、この核力は、陽子同士がかなり接近しないと引き合う力が生まれない。そこで、核融合反応を起こすためには、電気的に反発する力に打ち勝つくらい強引に2つの陽子を近づける必要がある。陽子同士を強引に近づけるには、陽子のスピードを上げてあげればよい。スピードを上げるということは、プラズマの温度を高くするということである。数千度くらいまでなら簡単にできる。例えば蛍光灯の中には1万度のプラズマができている。しかし、その程度では核融合には温度が低すぎ、1千万度くらいになって、ようやく陽子同士が合体する核融合反応が起こる。太陽の中心は約1600万度にまで達しているので、核融合を起こすことができている。

　地上での核融合炉では、空気の10万分の1程度の非常に薄い水素プラズマを使う。そのため、太陽よりも、ずっと高い頻度で核融合を起こさねばならないので、核融合炉の実現には、太陽の1600万度よりも、もう一桁高い1億度以上の温度が必要になる。1996年、日本の核融合実験装置JT-60Uでは5.2億度を達成しており、世界最高温度としてギネスに認定された。

▶地上で核融合を起こすには1億度が必要

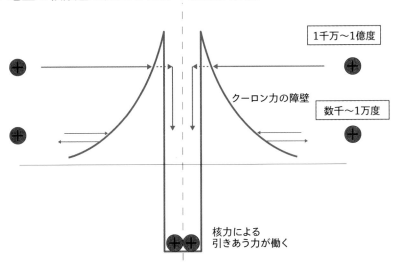

1千万～1億度

クーロン力の障壁

数千～1万度

核力による
引きあう力が働く

数千～1万度だとプラスの原子核は電気的な力で反発しあい合体しない。1千万～1億度以上になると、原子核同士が十分近づき、核力が働き合体（核融合）が起きるようになる。

▶量子科学技術研究開発機構のJT-60Uトカマク核融合実験装置

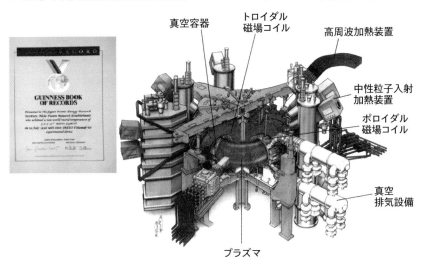

真空容器

トロイダル
磁場コイル

高周波加熱装置

中性粒子入射
加熱装置

ポロイダル
磁場コイル

真空
排気設備

プラズマ

日本の核融合実験装置JT-60Uでは、5.2億度を達成しており、1億度以上の温度は実現可能だ。5.2億度は人類が作った世界最高温度としてギネスで認定された。（図提供：量子科学技術研究開発機構）

1-12

宇宙はプラズマと核融合で回っている
宇宙のプラズマと星の関係

　地球に暮らしていると、自然に高温のプラズマになっているような物質はほとんどない。ところが、いったん宇宙空間に目を向けると、そこはほぼプラズマで満たされているといってもよい。太陽をはじめとする恒星は、プラズマの塊である。だからそれらの星が集まった銀河も、ほぼプラズマでできているといえる。つまり、地球のように個体物でできているものの方が宇宙では少数なのである。そのプラズマの多くは、恒星の中で核融合を起こすほどの高い温度と高い密度になっている。

　恒星はどのようにして核融合を終えるのだろうか。いつかは燃えるものが尽きてしまうはずである。多くの恒星は、最初は水素の核融合で輝く。太陽はまさにその状態だ。しかし、その水素も底をつき、残るのは核融合で作られたヘリウムという状態になる。すると、重力と核融合のバランスが変わり、より高い温度でヘリウムの核融合が可能な状態に至る。その場合、星の色も太陽より少し青い星になる（高温の星ほど青い）。右上の写真は、M13という星団の例だ。球状星団と呼ばれるもので、球状に星が集中し、一般にたいへん老齢な星々とされる。M13の中に少し青い星々が見えているのがわかる。これらは、水素を燃やしつくし、ヘリウム燃焼に入った老齢の星である。

　星の死の様子は、星の大きさで異なるが、比較的小さな星の場合には、次第に衰え、自身の内部の物質を外に吐き出しつつ、どんどん縮んでしまう死が待っている。この途中で惑星状星雲という独特の形のガス星雲が形成される。右ページ下に、それらのうち、もっとも有名な2つ、亜鈴星雲とリング状星雲の姿を示した。どちらも中央に星がある。これがガスを吐き出している星であり、そのガスを自分の光でまだ輝かせている。

球状星団M13。
青い星々は水素を燃しつくし、ヘリウム核融合燃
焼に入った高温の星だ。（写真提供：岡野邦彦）

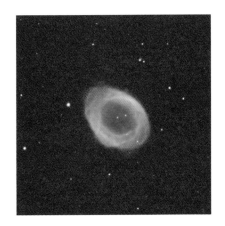

惑星状星雲の例。
下左は　M27亜鈴星雲（こぎつね座）、右はM57リング状星雲（こと座）。どちらも夏に天体望遠鏡
を使えば見える。（写真提供：岡野邦彦）

ヘリウム燃焼とは COLUMN

　ヘリウムを燃やしつくした星は、その大きさが十分に大きい場合には、p.35で示した周
期律表の、ヘリウム（2番）より番号が大きな元素が燃え始める。しかし、どこまでも核融
合が続くわけではなく、最大に進んでも26番の鉄までである。鉄はもっとも安定な元素
で、核融合も核分裂も起こさない。どんな恒星も、そこまで燃え進めば、もはや燃料がな
く、燃え続けることができずに、自身の中の物質を宇宙に放出し、その寿命を終える。

1-13

核融合エネルギーは宇宙を回す原動力
星とプラズマの輪廻

　重く大きな星の死は、惑星状星雲を作る星の死より激しい。燃えるものがなくなってくると、重力と核融合による熱膨張のバランスが崩れ、中心に向かって重力で一気に押しつぶされる。中心で超高密度になった瞬間、残された物質が勢いよく核融合を起こし、大爆発を起こすのだ。これは、超新星と呼ばれる現象である。地球から肉眼で見える超新星は、数百年に一回程度で起こるとされている。一番最近は1987年に起こったが、南半球でしか見えない位置だった。北半球で見ることができた最後の超新星は、400年以上前の1604年に、日本でも見えるへびつかい座に発生した。昼間でも見えるほどの明るさだったという。

　超新星が起きた後には、その爆発の残骸が残される。1054年に超新星が発生したことが中国の古書に残っているのだが、その方向には、右上段のような天体がある。これはおうし座の「かに星雲（M1）」と呼ばれ、1000年経った超新星の残骸である。その中心には爆発残骸として小さな星が残されており、右の写真にも写っている。下段の写真は、約1万年前の超新星の残骸と考えられている「クラゲ星雲（IC443）」という天体であるが、元となる超新星の記録は見つかっていない。

　このように死を迎えた恒星は、その内部の物質をガスとして宇宙空間に放出する。そのガスは、次第に集まって、やがてオリオン大星雲のようなガス星雲となる。その中にガスの濃い部分ができると、それ自身の重力で周りのガスを集め始める。集まれば集まるほど重く、重力は強くなっていき、ついには、核融合が再点火するに至り、再び恒星としてよみがえる。

　この宇宙を回す原動力、核融合をエネルギー源として使おうという野心的試みが、核融合エネルギー開発なのである。

1054年に発生したことが歴史上知られる超新星の残骸ガス、「かに星雲（M1）」。いまも膨張を続けているのがアマチュアの望遠鏡でも捉えられる。爆発した星の残骸は、中央に並ぶ2つの星のうち、右下のやや小さい方である。その他の星々は、星雲の外側の星が写りこんでいるにすぎず、かに星雲とは関係がない。（写真提供：岡野邦彦）

超新星の発生から1万年後の姿と考えられている超新星残骸星雲、「クラゲ星雲（IC443）」。
（写真提供：岡野邦彦）

鉄以上の物質がなぜ存在するのか？　　COLUMN

　　p.43では、星の中の核融合では原子番号26番の鉄までしか作られないことを示した。でも地球には鉄より番号が大きな元素はいくらでもある。星の中では作れないはずのこれらの元素は、超新星爆発の時に作られたものだと考えらえている。
　　地球に鉄より番号が大きい元素があるということは、わが太陽系が形成されたときは、星の死と超新星爆発の輪廻を経た後であることがわかる。地上の鉄を超える番号の存在が、宇宙の輪廻の証なのだ。原子力発電所の燃料であるウラン（92番）も、もとをたどれば核融合とプラズマが作り出した物質だったのだ。

1-14

核融合はエネルギー革命となるか？
他のエネルギー源と
比較してみよう

　核融合炉が実現すれば無尽蔵のエネルギーが得られるといわれるが、実際どのくらいあるのかを、他のエネルギー源と比較してみよう。右図では、エネルギーの単位としてゼータージュール（ZJ）を使っている。ジュール（J）というのはエネルギーの単位で、Zは10の21乗倍（1,000,000,000,000,000,000,000倍）を表す記号だ。人類の年間エネルギー消費は0.5 ZJ程度で、21世紀中には1 ZJになるかもしれない。

　化石燃料のうち、もっとも多くの資源が残っている石炭の確認埋蔵量（今と同程度のコストで利用可能な既知の資源残量）は26 ZJ程度である。やはり化石燃料は、多いとされる石炭でも資源制約が厳しい。

　地上（海を除く）に降り注ぐ太陽光の年間エネルギー量は800 ZJ程度だ。ただし、地上に降り注ぐ太陽光の全部を使ったら植物も動物も死滅してしまう。どんなに多くの太陽光パネルを設置しても、地上面積の1％は超えられないだろうから、実際に使える年間のエネルギー量は数ZJ程度だろう。それでも現在の年間のエネルギー消費量以上だ。

　既存の原子力発電所は核分裂を起こすウランが燃料だ。確認埋蔵量は今の原発（軽水炉）で使うと4ZJ以下だが、ただし、「もんじゅ」で有名な高速増殖炉（FBR）型の核分裂炉が実用化されれば、核分裂で燃えないウラン（ウランの99.3％を占める）を燃えるプルトニウムに変えられるので、資源量は280 ZJになる。また海に溶けているウランを、もし回収することができれば、2600 ZJが利用可能だ。

　これらに対して、核融合炉の資源（海水中の重水素とリチウム）が供給可能なエネルギーは510万 ZJにもなる。あまりに大きすぎて、到底同じスケールでは示せなかったので、右図では核融合と海水中のウラン利用だけを1000倍のスケールに変えて示している。

▶色々なエネルギー資源の量を比較

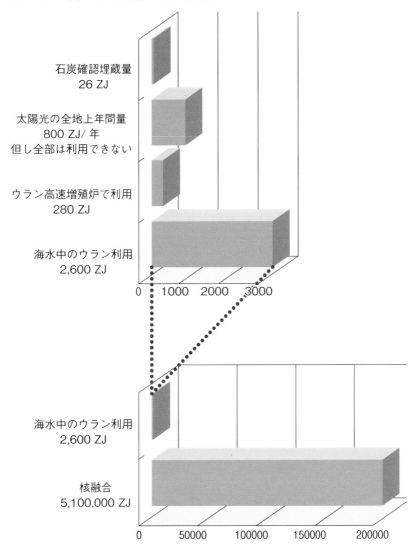

海水中の核融合で利用可能な資源は膨大で、他のエネルギー源と同じスケールでは描くことができない。例えば石炭の確認埋蔵量の約20万倍である。地上に年間に降りそそぐ太陽光エネルギーと比べても6300倍。ただし太陽光はそのほんの一部（1％以下）しか利用はできないから、核融合が供給可能な総エネルギーは、太陽光の利用可能な分の60万年分以上だ。

求められる他のエネルギーとの共存

　2050年頃に核融合炉の技術的な実現の見通しが立ち、市場導入の準備が始まるかどうかは、その時の日本や世界のエネルギー需給状況に依存することになる。2050年頃の社会を想定して、世界の国々や地域が、それぞれの固有の事情に即したエネルギー技術の導入に関する見通しやシナリオ分析を進めている。日本の第5次エネルギー基本計画では、先ず2030年にエネルギーミックスの実現を目指し、2050年においてエネルギー転換・脱炭素化によるカーボンニュートラルを目標に掲げている。欧州連合EUでは、加盟国ごとに脱原子力であったり、原子力推進であったりするものの、EU全体としては2030年には石炭の利用を大幅に減じて、その分を原子力や再生可能エネルギーの利用を拡大することによって脱炭素化を目指している。すなわち、核融合炉が2050年頃以降に導入されるためには、日欧に限らず世界的に規模が拡大するであろう再生可能エネルギーと共存し、ガス火力や原子力に代わるような特質を持ったエネルギー源であることが求められるのである。

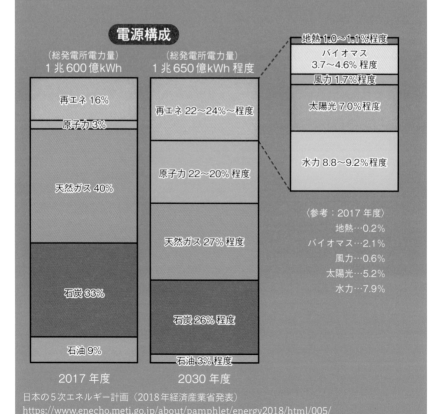

電源構成

（総発電所電力量）
1兆600億kWh

再エネ 16%
原子力 3%
天然ガス 40%
石炭 33%
石油 9%

2017年度

（総発電所電力量）
1兆650億kWh 程度

再エネ 22〜24%〜程度
原子力 22〜20% 程度
天然ガス 27% 程度
石炭 26% 程度
石油 3% 程度

2030年度

地熱 1.0〜1.1%程度
バイオマス 3.7〜4.6% 程度
風力 1.7%程度
太陽光 7.0%程度
水力 8.8〜9.2%程度

〈参考：2017年度〉
地熱…0.2%
バイオマス…2.1%
風力…0.6%
太陽光…5.2%
水力…7.9%

日本の5次エネルギー計画（2018年経済産業省発表）
https://www.enecho.meti.go.jp/about/pamphlet/energy2018/html/005/

第2章

核融合エネルギー
実現のために必要なこと

● ● ● ● ● ●

なぜ核融合エネルギーが必要なのか?
人知が生み出す
新しいエネルギー資源となる

　世界は8割以上のエネルギーを石炭・石油などCO_2が大量に出る化石燃料に頼っている。これを早く変えたいと皆が思っているが、コストや利便性で化石燃料に勝るものが見つからないので、脱却できない。豊かな暮らしには十分なエネルギーが必要だが、そのエネルギーを使うことで地球環境を破壊したら、豊かな暮らしは続けられない。

　太陽光や風力など自然エネルギーは期待できるが、それのみで電力を安定して供給するには、例えば多数のバッテリーを用意し、発電が十分な時は余った電気を蓄電し、不足時は蓄電した電気を使う、などの工夫が必要になる。右上図は、日本の天候情報（AMeDAS）を使って推定した東日本地域の太陽光と風力の1年間の発電出力変動の例。この変動をバッテリーだけで平均化するには、最小で約20日分の電力を貯める必要があることが示されている。仮にだが、日本の全電力の20日分を貯めるなら、電気自動車のバッテリー*で10億台分が必要だ。国内自動車数（約8200万台）の12倍になる。電池が一台分10万円（現状の数分の一以下）としても電池コストは100兆円となる。自然エネルギーは、単純な蓄電だけで安定化するのでなく、必要な時に必要なだけ電力を供給可能な他のエネルギー技術とも相補的に使うほうが良いだろう。だが、適正なコストで十分に安定してエネルギーを供給でき、環境も汚染せず、かつ安全性も高いという新エネルギー技術の候補は多くない。

　核融合は、その最有力候補とされており、世界中で開発が進んでいる。人類初の核融合連続燃焼をめざして国際協力で建設が進む実験炉ITER（巻頭写真）の建設コストは1.5兆円以上という。高額だが、核融合が実用化した時には、その投資をはるかに上回る価値を生み出すだろう。核融合は人の知が生み出した新しいエネルギー資源になる。

*60kWh程度の容量とした。1kWhは1000Wのドライヤーを1時間動かすエネルギー。

▶太陽光・風力発電の出力変動

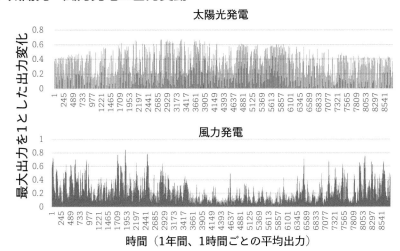

太陽光発電

風力発電

縦軸：最大出力を1とした出力変化

横軸：時間（1年間、1時間ごとの平均出力）

AMeDAS（https://www.jma.go.jp/jp/amedas）のデータから発電量を推定したもの（東日本地域2010年1月1日から2010年12月31日まで）。H. Fujioka, H. Yamamoto, K. Okano, 8th IEEE International Conference on Power and Energy Systems, Colombo, 2018. https://ieeexplore.ieee.org/document/8626920に使用されたデータ。太陽光と風力を最適に組み合わせても、平均化には20日分程度の蓄電が必要であることが示されている。

▶核融合がある未来のエネルギー供給のイメージ

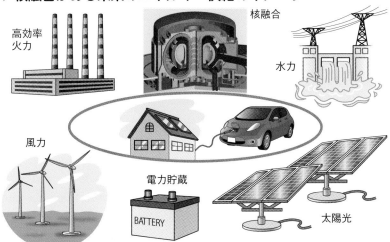

常時必要な電力（ベースロード）は核融合や水力で供給。超高効率化した火力も併用し、電力貯蔵やその充電制御などでも電力供給網を安定化することにより、出力が不規則な太陽光発電・風力発電の大量導入も可能になる。

核融合研究はこうして始まった！
高温プラズマをいかに
"閉じ込める"のか？

　太陽のエネルギー源が、水素原子の化学反応ではなく水素の原子核同士が合体する核融合反応であることは、1939年にベーテ（1967年にノーベル賞受賞）が指摘した。しかし、核融合を地上で人工的に実現するには、水素を1億度以上のプラズマ状態にしたまま安定に保持しなければならない。太陽では、高温プラズマが宇宙空間に飛び散っていくのを、太陽自身の重力で引き留めている。我々はこれを、重力によるプラズマの"閉じ込め"と呼ぶ。この地上での核融合炉では、空気の10万分の1という、非常に薄いプラズマを閉じ込めるので、重力は利用できない。また、そんな高温の物質を入れておく容器はあり得ない。

　ところで太陽から時々、高温のプラズマが噴き出し（太陽フレア、p.28）太陽風として地球にも飛んでくる。このプラズマは地球の磁場に巻き付いてしまい、地球の周りに漂っている。このプラズマが磁力線に沿って北極と南極に降り注ぎ、空気と衝突してきれいなオーロラを発生させている。もし地球がなく、丸く閉じた磁力線だけなら、高温のプラズマを丸い磁力線に巻き付けたまま周回させることができる。これを磁場による閉じ込め（磁場閉じ込め方式）という。ただし単純な丸い磁力線ではプラズマを上手く閉じ込めておくことができず、磁力線をねじりながらドーナツ状の円環（これをトーラスと呼ぶ）にする必要があった。そのねじり方で世界の研究者は色々なアイデアを出し合い競った。

　一方、超強力なレーザーの開発を受けて、直径数mm程度の球状燃料を圧縮（爆縮）し、瞬間的に1億度の高温プラズマを発生させるアイデアが提案された。瞬間的に加熱された燃料がその慣性ですぐには飛び散らないことを利用しているともいえるので、これを慣性閉じ込め方式という。その加熱方法からレーザー核融合方式と呼ぶこともある。

▶ 地磁気で捕捉されるプラズマ

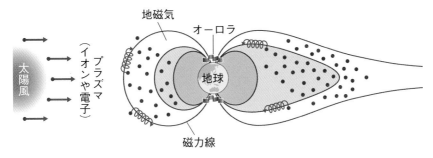

太陽風のプラズマは地磁気で捕捉され、その一部が北極と南極
に降り注ぎオーロラを発生させている。

▶ 核融合プラズマの閉じ込め方法

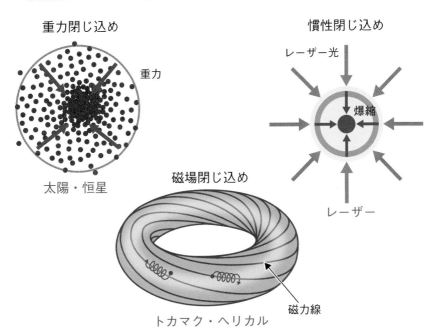

３種類のプラズマの閉じ込め方式。太陽や恒星は重力でプラズマを閉じ込めて
いる。この地上では磁場閉じ込めか慣性閉じ込め方式で研究が進められている。
（トカマク・ヘリカルは、2-03 で解説）

プラズマ閉じ込めの原理と核融合研究の歴史
人工太陽、「地上の星」を作るために研究が進む

　円環状の磁場で高温プラズマを閉じ込めるには、トーラス表面にねじれた磁力線を沿わす必要がある。右上図のように電流の周りに円周状の磁場（磁力線）ができるのを利用し、電流を上手に利用すれば、うまくねじれたプラズマ閉じ込め用の磁場が作れる。

　トーラス表面のねじれた磁力線は、トーラス円環の円周方向（トロイダル方向）の磁場と、トーラス断面の円周方向（ポロイダル方向）の磁場の合成で作れる。この2つの磁場を、トーラス中心部を貫通する電流と、プラズマ自身に流した円環電流（プラズマ電流）とで独立に発生させたのがトカマク方式だ。トロイダル磁場を発生させるトーラス中央部の直線電流は、ミカンの中の房のように、約20本程度に分割されて、ドーナツの周りに並べてある。これをトロイダル磁場コイルと呼ぶ。

　トカマクは1950年代にソ連のノーベル賞受賞者であるサハロフとタムが考案し、アルチモビッチが実験を主導した。トカマクでは、このプラズマ電流がプラズマ自身を加熱する手段にも使えたので（詳細は後述）、温度を上げやすかった。そのため、1960年代後半にはソ連のトカマクで1千万度の高温プラズマの生成・保持に成功した。1970年代になると、世界の多くの研究所がトカマク研究にシフトした。1980年代に入ると、米国はTFTRを、欧州はJETを、そして日本はJT-60という大型のトカマク装置を建設し、3大トカマクの時代といわれた。

　1985年のレーガン・ゴルバチョフ会談では、次世代のエネルギー源開発として核融合を国際協力で進めることが決まり、米・露・欧・日の4極での国際プロジェクトITER計画がスタートした。その後、中国・韓国・インドも加わり、核融合エネルギー開発を世界が一丸となって進める壮大なプロジェクトとなった。後述の通り、2025年頃の完成を目

▶電流の周りに電流と直交する方向の磁場（磁力線）が発生

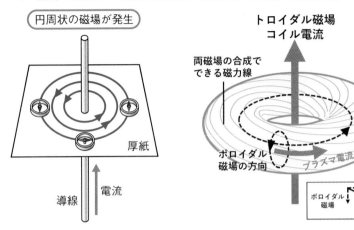

電流の周りに電流と直交する方向の磁場（磁力線）が発生する。

ねじれた磁力線はトロイダル方向とポロイダル方向の磁力線のベクトル合成で形成される。ベクトル合成とは、2つの矢印で長方形や平行四辺形を描いた時の対角線の方向の矢印をいう。

▶トカマク方式とヘリカル方式の基本的な概念

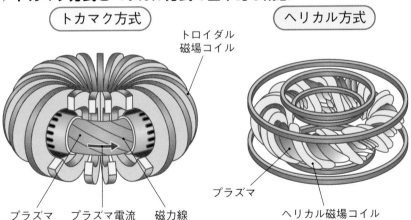

トカマクでは、トロイダル磁場コイル電流とプラズマ電流とで出来る磁場のベクトル合成でねじれた磁力線を形成する。ヘリカルでは、コイル自身をねじって、ねじれた磁力線を形成する。

指し、ITERは現在建設中である。

　ねじれた磁力線を発生させるために、プラズマに電流を流すのがトカマクだが、磁場を発生するコイルの方をねじっておこうというのが、p.55右下に示したヘリカル方式である。これならプラズマに電流を流さなくてもよい。ヘリカル型は米国の天文学者であったスピッツァーが考案したものであり、最初は装置自身を8の字にねじった"8の字ステラレータ"を建設した。非常に高い精度でねじらないとうまく磁力線の「かご」ができない。1960年代ごろは精度良くコイルを製作するのが難しかったが、今ではできるようになってきた。トカマクではプラズマ電流を定常的に流し続けるには外部からのパワー注入が必要となるが、ヘリカル方式では、ヘリカルコイルに電流を流しておけば良いので、プラズマの定常的な保持が容易だ。ヘリカル方式は、磁場方式ではトカマクに次ぐ性能を有しており、トカマクと相補的に研究が進められている。3大トカマクと同規模の装置として、日本の大型ヘリカル装置LHDおよびドイツのWendelstein 7 X（W7-X）が世界をリードしている。

　磁場方式とは全く異なった手法として、高出力レーザーを用いた方式がある。これは小球に四方八方からレーザーを均一に照射し、固体密度の約1万倍程度まで圧縮させて、瞬間的に高温高密度のプラズマを発生させ、核融合反応を起こさせるものである。磁場方式が核融合プラズマを静かに閉じ込めているのに対して、レーザー方式は瞬間的に生成し反応を終えるということである。レーザー核融合炉では、このような核融合プラズマを10〜30Hzくらいの頻度で起こして、準定常的にエネルギーを発生させる。「ピストンで圧縮して着火・燃焼」を繰りかえす自動車エンジンに似ている。レーザー核融合の最前線は米国の超巨大レーザー NIF装置である。また日本では、大阪大学で高速点火という独自のアイデアによる、より小型化が可能なレーザー核融合の研究を進めている。レーザー方式については本章の最後に詳述する。

▶核融合の歴史

トカマク

3大トカマク

JT-60

JET

TFTR

サハロフ、タム
アルチモビッチ
によるトカマク
の発案

レーガン&ゴルバチョフ
会談で生れた ITER 計画
（提供：ITER 機構）

ヘリカル

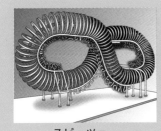

スピッツァー
（8の字ステラレータ）

LHD
（提供：核融合科学研究所）

W7-X
（図：マックス・プランク研究所）

レーザー

メルマン
レーザー
発振に成功

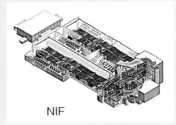

GEKKO XII

NIF

1950年代にスタートした核融合研究の歴史。トカマクとヘリカルに代表された磁場閉じ込め方式とレーザーによる慣性閉じ込め方式を中心に研究が推進されている。

磁場閉じ込め装置（トカマク式とヘリカル式）
ねじれた磁力線で編んだ
トーラス装置

　トカマクとヘリカルを少し詳しく説明しよう。トカマクはトロイダル磁場とポロイダル磁場でねじれた磁力線を形作っているが、トロイダル磁場コイルは普通の銅線ではなく、超低温で電気抵抗がゼロとなる「超伝導」の線が使われる。磁場の強さはテスラ（T）という単位を用いるが、ITERではプラズマ中心で５Ｔが必要であり、そのためドーナツ中央部に流す電流は約150MA（＝１億５千万アンペア、MAはメガアンペアの略）となる。銅コイルでは、その電気抵抗による発熱でエネルギーロスが出るために、磁場を維持するには核融合炉で発電した電気をすべて投入するくらいの電力が必要になる。それでは発電プラントにならないから、超伝導線を使わねばならない。

　トカマクでは、さらにプラズマ中に電流を流すことによりポロイダル磁場を生成する。円環状の蛍光灯は円環内に電極があるが、一億度のプラズマの中に電極は置けない。そこで、電圧変換トランス（変圧器）の原理を使ってプラズマ中に電流を流す（コラム参照）。なおプラズマ電流を定常的に保持するためには、変圧器の原理だけでは不十分で、外部からのビーム入射や高周波を使って電流を駆動し続ける必要がある。

　一方ヘリカルでは、ねじれた磁力線をねじれたコイル（ヘリカル磁場コイル）で生成している。２本のねじれたコイルをトーラス状に巻いたのが日本の装置LHD（Large Helical Device）である。様々な形状にねじられた比較的小さなコイルを、トーラス方向に巻き付けるように配置し、いかにもねじられたコイルのような形状を模擬した装置がW7-X（ベンデルシュタインセブンエックス）でありドイツに建設されている。共に超伝導コイルであり、定常的にプラズマを生成・保持することが可能である。

▶トカマク装置

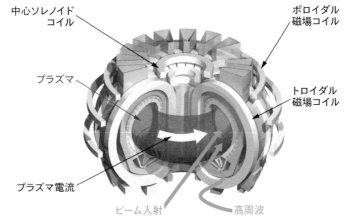

中心ソレノイド
コイル

ポロイダル
磁場コイル

プラズマ

トロイダル
磁場コイル

プラズマ電流

ビーム入射

高周波

トカマクではプラズマ電流が必須。まず中心ソレノイドコイルを使って変圧器の原理によりプラズマ電流を流し、外部からのビーム入射や高周波で定常的に保持する。(元図提供:量子科学技術研究開発機構)

▶ヘリカル装置

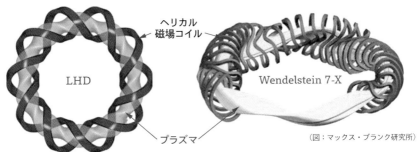

ヘリカル
磁場コイル

LHD

Wendelstein 7-X

プラズマ

(図:マックス・プランク研究所)

(図:核融合科学研究所)

ヘリカルでは、ねじれたコイルをトーラスに巻き付ける方式(LHD)だけでなく、ゆがんだ小さなコイルをたくさん並べる方式(W7-X)もある。

変圧器の原理 COLUMN

変圧器では、一次巻き線側の電流を時間的に変化させて、二次巻き線側に電流を流しているが、この二次巻き線が円環状のプラズマである(右図)。初期のトカマク装置は、鉄心を使った巨大な変圧器だったが、ITERや将来の核融合炉ではより大きく磁場を変化させられるよう、トーラス中央部に一次巻き線となる中心ソレノイドコイルを設置する。

一次側電流

二次側電流と
してプラズマ
電流が流れる

磁石を使った装置　ITER, JT-60SA, LHD
世界の最前線を行く
大型プラズマ実験装置

　ドーナツ状の磁場閉じ込め装置であるトカマクをもう少し詳しく見てみよう。5.2億度というギネス認定の世界記録を出したJT-60U装置の内部に人間が入った写真（p.62）が示すように、高さが5〜6mある巨大な真空容器内に、超高温プラズマが目に見えない磁力線に巻き付いた状態で空中に浮いている。このドーナツの大きな輪の半径を主半径R（または大半径）、断面の半径を小半径aと呼ぶ。因みにJT-60UはR＝3m、a＝1mであり、ITERはR＝6.2m、a＝2mである。まさにJT-60Uの約2倍大きい（体積だと8〜10倍）のがITERである。

　地上の核融合炉で目指している重水素と三重水素の核融合反応では、アルファ粒子と中性子が発生する。アルファ粒子はプラスの電気を持っているので、磁力線に巻き付きプラズマを加熱する。一方、電気を持っていない中性子はプラズマの外に飛び出してくるので、それを受け止めるのが真空容器内側の壁一面に張り巡らされたブランケットである。ブランケットには、（1）中性子が外に逃げるのを阻止する（中性子遮蔽という）、（2）中性子のエネルギーを熱源に変換する、（3）燃料となる三重水素を生産する、の3つの役割がある。因みに、ITERまでの装置では、中性子遮蔽を目的としてブランケットが設置されており、本格的な核融合発電を目指してITERの次に建設される原型炉では、（2）と（3）の機能を有したブランケットを設置する。

　世界最大のトカマクはITERであり、核融合発電を実際に行わないこと以外は、将来の核融合炉が必要としている機器や機能がすべて備わっている。ITERに次ぐ規模のトカマクが、ITERのほぼ半分のサイズである量研（量子科学技術研究開発機構）那珂研究所のJT-60SAである。これはJT-60/JT-60U装置の後継機であり、2020年に装置が完成した。

▶ITERの完成イメージ

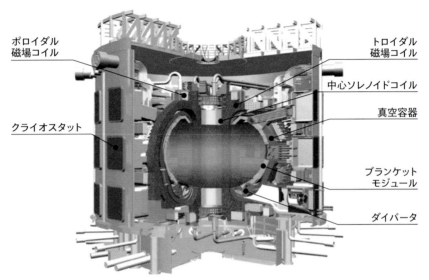

ポロイダル
磁場コイル

トロイダル
磁場コイル

中心ソレノイドコイル

真空容器

クライオスタット

ブランケット
モジュール

ダイバータ

（図提供：ITER機構）

▶トカマク装置の断面

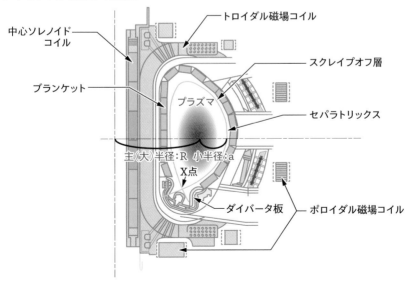

中心ソレノイド
コイル

トロイダル磁場コイル

ブランケット

スクレイプオフ層

プラズマ

セパラトリックス

主（大）半径：R　小半径：a
X点

ダイバータ板

ポロイダル磁場コイル

（ITERの断面図を参考に著者が作成）

臨界プラズマ試験装置JT-60。トカマク型の装置で、写真はJT-60Uに改修後の真空容器内部。右奥に白衣を着た人物が写っているのでその大きさがわかろう。（写真提供：量子科学技術研究開発機構）

ブランケットとダイバータ　　COLUMN

　トカマクプラズマはプラズマ性能の向上をはかるのと、プラズマからの熱や粒子を上手に捨てるため、ドーナツは縦長断面の形状をしている。プラズマを縦長の楕円形にするために、トロイダル磁場コイルの上下に円環コイル（ポロイダル磁場コイル）を設置し、プラズマを上下に引きのばしている。特に下側を少し強く引っ張ると、プラズマとポロイダル磁場コイルの中間に磁力線が交差してXの文字（X点と呼ぶ）のようになる。X点で囲まれた面が高温プラズマを閉じ込める境界となり、セパラトリックスと呼ばれている。セパラトリックスの外側をスクレイプ層と呼び、この領域に染み出してきた高温プラズマは、磁力線に沿って装置下部に流れ出す。そこで、ダイバータ領域と呼ばれる装置下部には、そのプラズマを受け止めるためのターゲット板を設置しておく。これをダイバータ板と呼び、炉心プラズマからの熱を受け止めると共に、漏れ出てきた燃料粒子や核融合で発生したヘリウム灰などを集めて排気する。

　JT-60SAは、そのプラズマの形状がITERとほぼ相似形にしてあり、ITERでのプラズマ実験を先導すべく高性能プラズマ研究を目指している。JT-60SAは日本と欧州との国際共同プロジェクトである幅広いアプローチ（BA）活動の一環でもあるので、欧州からも数多くの研究者が参加する（JT-60SA全体はp.6参照）。

　リングコイルによるトカマクに対し、ねじれた磁力線をねじれたコイル（ヘリカル磁場コイル）で生成しているヘリカルでは、プラズマ断面が自然と楕円や三角形的な形状に変化しながらトロイダル方向に回転している。世界最大規模の装置LHDではトーラス方向に10回ねじってある。装置サイズとしては、主半径はR=3.9m、実効的な小半径はa=0.6mであり、JT-60Uとほぼ同規模の体積を有する。LHDでも1億度を超えるプラズマの生成に成功しており、トカマクに次ぐ性能を有している（LHD全体はp.8参照）。

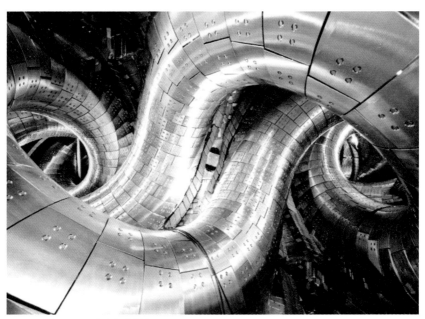

ヘリカル装置LHDの真空容器内部。
（写真提供：核融合科学研究所）

2-06

超伝導で強力な磁石を作る

核融合炉は巨大かつ強力な 超伝導コイルの集合体

　プラズマを閉じ込めるための磁石は、銅コイルではなく超伝導コイル
で作る（p.58）。水銀を−269℃に冷やすと、電気抵抗が突然ゼロになる
という超伝導現象を、1911年にオランダのオンネスが発見した。超伝
導コイルは医療用のMRI（核磁気共鳴撮影）やリニア新幹線などに幅

核融合実験炉ITER トロイダル磁場コイル
初号機完成披露式典
2020年1月30日

広く活用されている。これら実用化されている超伝導コイルは、サイズが1〜2m程度、磁場も1〜2T程度である（T:磁場強度の単位、テスラ）。一方、建設中の実験炉ITERや将来の核融合炉に必要な超伝導コイルは、サイズが10〜20mの規模で、磁場強度も10T以上と大型かつ強磁場である。これは、これまでの超伝導技術からは突出した人類未踏の技術への大きなチャレンジなのである。

ITERでは18本のトロイダル磁場コイルを円形に配置するが、その最初のコイルが日本および欧州で完成し2020年に建設地に搬送された。このコイル上の一番磁場が強い場所では、磁場が12Tまで大きくなり、約580気圧もの力（磁場の圧力）がコイル自身にかかるので、この圧力に耐える材料も新たに開発する必要があった。トロイダルコイル以外のコイルも数千万アンペアの大電流を流すので、すべて超伝導コイルで作る。

上記の超伝導は絶対零度（−273.15℃）に近い超低温が必須だが、1980年代に、それよりかなり高く、液体窒素で作れる温度（−196℃）でも超伝導となる高温超電導材が発見された。その開発も活発に進められている。絶対零度まで冷やすのは非常に大変なので、将来的には核融合炉も高温超伝導コイルが応用されるかもしれない。

ITER用トロイダル磁場コイルの第一号機。
（写真提供：量子科学技術研究開発機構/三菱重工業株式会社）

磁場の圧力（磁気圧）とは　COLUMN

磁石のN極とS極が引き合う単位面積当たりの力を磁気圧という。約0.5Tで1気圧の磁気圧が発生する。磁気圧は磁場の2乗に比例して強くなるので、12Tなら約580気圧もの大きさになる。

核融合の熱を取り出す

運動エネルギーを熱エネルギーに

　DT核融合反応で発生する中性子とアルファ粒子は、それぞれ反応エネルギーの80%と20%を持つ。中性子は磁力線に巻き付かないので、プラズマからすぐに飛び出し、周りに設置されたブランケットに飛び込む。この中性子は14MeV*という大きな運動エネルギーを持つが、ブランケット内で原子と衝突するたび速度は遅くなり、ブランケットはエネルギーをもらって温度が上がる。これは蒸気で充ちたサウナで体が温まるのと似ている。その体でサウナを出れば、蒸気エネルギーを体にためて持ち出すことになる。

　核融合炉ではブランケット内に水など（冷却材と呼ぶ）を流して内部で冷却材を温めて外に引き出すことで、ブランケット内の熱エネルギーを外に取り出す。ブランケットは、構造材（鉄合金など）、冷却材（水など）、増殖材（燃料を増殖するためのリチウムを多く含む物質）からできている。中性子が何度も衝突して、その運動エネルギーをブランケットに与えた後、最後にリチウムに吸収されれば 2-09 で述べるように核融合の燃料である三重水素ができる。

　核融合反応でできるアルファ粒子の方は、電荷があるので、磁場にとらえられ、プラズマ内で衝突してエネルギーがプラズマに移る。プラズマはエネルギーの一部を熱線の形でも失いつつダイバータに流れ、ダイバータ板にエネルギーを与える。熱線になった分のエネルギーもブランケットやダイバータの表面で吸収される。かくして、中性子の運動エネルギーもアルファ粒子の運動エネルギーも、すべて熱となり、高温の水またはガスなどとして取り出されるのだ。プラズマのままエネルギーを取り出せればよさそうに思うが、それは意外と難しい（コラム参照）。

▶ブランケットによる熱の取り出しのイメージ

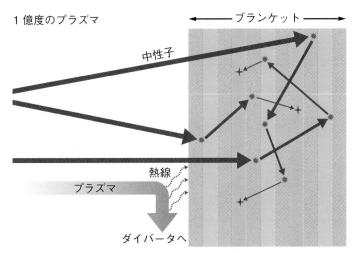

鉄　　　水　　　リチウム

✳ 中性子と原子の衝突　　＋原子による中性子吸収

1億度のプラズマ　　　　　　　　←――――― ブランケット ―――――→

中性子

熱線

プラズマ

ダイバータへ

＊ 14 MeV（メガエレクトロンボルト）は、イオンを1400万V（ボルト）の電圧で加速した時の運動エネルギーである。14MeV中性子の速さは光速の1/6にもなる。

直接エネルギー変換　　　　　　　　　　　　　　COLUMN

　2枚の電極を置き、電圧をかけると電界が発生する。その間にプラスの電気をもつイオンがあると電界から力を受ける。力の方向はマイナス電極の方向で、その大きさは電圧に比例する。イオンがこの力と反対方向に動いていたら、電界の力でイオンの速度は減速していく。つまりイオンは運動エネルギーを失うのだが、そのエネルギーは消えるのではなく、電気エネルギーとして電気回路に吸収される。この原理で、イオンのエネルギーを、熱に変えることなく、電気として回収することが原理的には可能だ。ただし、＋電極にたどり着いたときの速度がちょうどゼロになる電圧をかけないと、エネルギーの全部は吸収できない。核融合プラズマのイオンは、いろいろな速度をもっているので、すべてのイオンにちょうどいい電圧をかけることは不可能なため、この方法では、効率よくエネルギーを回収するのは難しい。

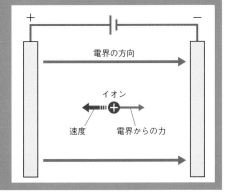

電界の方向

イオン

速度　　　電界からの力

2-08

高温でも変形せず強度も下がらない
熱さに耐える材料を求めて

　核融合反応から生じた中性子が、プラズマ周辺に置かれたブランケット中で、材料に含まれる原子と衝突（相互作用）することによってエネルギーを与えて、熱を生み出す。この熱は、300℃程度以上の温度の冷却水（またはガスや液体金属など）を通じて炉外に運ばれて、発電などのためのエネルギーとして使用されることになる。この時の冷却水の温度が高いほど発電の効率は高くなるため、ブランケットの構造は高温でも変形せず強度も下がらない材料を用いることが望まれる。現在、主案と考えられているブランケット構造材料は、低放射化フェライト鋼と呼ばれるものだ。これは火力発電用に開発された耐熱鋼（高温に耐える鉄合金）を改良し、中性子が当たっても放射化が起こりにくくした材料である。特に、わが国の研究機関と鉄鋼メーカーが共同開発したF82Hという鉄合金は、安定した材料性能で、しかも溶接などの加工もしやすく、多くの中性子を浴びても特性が劣化しにくいことが世界に先駆けて実証された。ブランケット用材料としての実用化を目指し、特性データを充実するための研究が進んでいる。p.94コラムのIFMIF/EVEDAもその研究装置の一つだ。

　核融合炉において燃焼した燃料の「灰」であるアルファ粒子を排気するダイバータ部では、$20MW/m^2$というロケットエンジンの噴射部（ノズル）に匹敵するような高い熱流束を受けるため、ブランケット構造材料よりもさらに熱伝導性がよく冷やしやすい材料が必要となる。ITERでは、表面にタングステンを、内部には熱伝導が高い銅合金を使う。実用炉用には、熱伝導性を維持しつつ、さらに高温や中性子照射に耐える材料が必要で、世界中で新材料開発が進められている。

2.3トン

0.27 m

2.2 m

0.50m

ブランケット構造材料として開発が進められている F82H の鋼塊
（写真提供：量子科学技術研究開発機構）

▶ITER ダイバータの構造

ITERのダイバータ部では、タングステンを表面に使い、内部には熱伝導が高い銅合金を接合して一体化した「タングステンモノブロック構造」が採用される。実用炉ではさらに高性能な材料が必要となる。

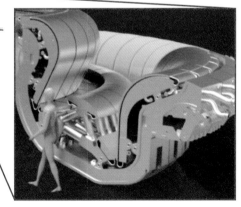

（図提供：量子科学技術研究開発機構）

2-09

三重水素は核融合炉内で自己生産
燃料を自分で作り出す

　現在開発が進められている核融合炉では、水素の同位体である重水素と三重水素を燃料として用いる。同位体とは、原子核中の陽子の数は同じで、中性子の数が異なる原子（核種）のことをいう。通常の水素の原子核は陽子1個からなるが、重水素は陽子に加えて中性子を1個含んでおり、三重水素は陽子に加えて中性子を2個含んでいる。このうち、重水素は、自然界における全水素中の0.015％も存在しており、例えば海水を利用すれば莫大な量を取り出すことができる。一方、三重水素は天然にはごくわずかしか存在しておらず、核融合炉の燃料として利用できるだけの量を集めることは難しい。そこで、三重水素を核融合炉内で燃料として消費しながら、新たに三重水素を核融合炉内で自己生産する。プラズマ中の重水素と三重水素が核融合反応を起こすと、中性子とアルファ粒子が発生する。この時、プラズマの周辺に設置されたブランケットの内部にリチウムを置いておけば、核融合によって生じた中性子がリチウムと反応することで、新たに三重水素が作られる。すなわち、1個の三重水素原子が一度核融合反応を起こすと、発生した1個の中性子によって、新たな1個の三重水素原子が作りだされるのだ。

　リチウムは、地球上ではありふれた元素であり、偏在していない。またリチウムイオン電池の需要拡大も進んでいるため、リチウムを大量調達できる技術として海水中に存在するリチウムを選択的に抽出する技術の開発が進められており、大量のリチウムの需要に応えられる期待の技術として注目されている。海水リチウムを利用できれば、リチウムの燃料資源は実質無尽蔵である。

▶核融合炉における燃料サイクル

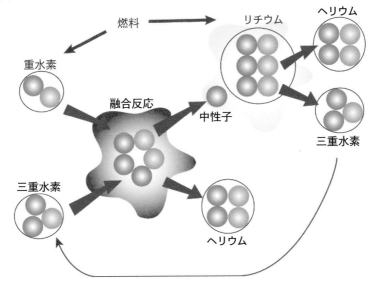

（提供：核融合科学研究所、高畑氏）

▶ブランケットでの三重水素増殖のイメージ

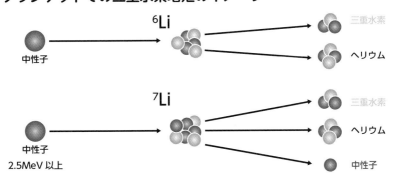

$$^{6}Li + n \rightarrow {}^{4}He + T + 4.8MeV$$
$$^{7}Li + n \rightarrow {}^{4}He + T + n - 2.5MeV$$

リチウムには二つの同位体、リチウム6とリチウム7がある。核融合で発生した中性子がリチウム6に吸収されると（上段）、三重水素とヘリウムができる。リチウム7に吸収されると（下段）、三重水素とヘリウムに加え、もう一つ中性子が生まれる。この中性子は、さらにもう一つの三重水素を作るのに使うことができる。ただしリチウム7は2.5MeV以上のエネルギーを持った中性子しか吸収しない。

耐食性の強い構造部材の開発が重要
燃料をたくさん作る材料

　三重水素を生産するためのリチウム形態は、いくつか考えられている。現在の主案は、リチウムの固体酸化物（セラミックス）を使うことで、「固体増殖ブランケット」という。右図はこの方式のイメージだ。一方、リチウムや、その化合物を液体の形で使うこともでき、それは「液体増殖ブランケット」と呼ばれる。

　固体増殖ブランケットの場合、「1個の三重水素原子が核融合反応を起こして発生する1個の中性子が、リチウムと反応して三重水素原子1個を作る」ことによる三重水素量が核融合で使う量を上回るのは、かなり難しい。なぜなら、核融合反応から発生した中性子の一部は、ブランケットなどの材料やリチウム酸化物に含まれるリチウム以外の原子にも吸収されるからだ。これでは、三重水素の十分な（使用量を上回る）自己生産は不可能となってしまう。これを解決するアイデアが、中性子をベリリウムにぶつけて、中性子を2個に増倍してしまう方法である。すなわち、ブランケット内部にベリリウムを加えることで中性子数を増やし、核融合で消費する以上の三重水素を製造（増殖）することが可能だ。ただし、ベリリウムは毒物なので、安全に配慮した精製・製造過程が重要である。また、ベリリウムの生産量は、現状では核融合炉の本格稼働に十分とはいえないため、安全で安定な生産技術の開発が進んでいる。

　液体増殖ブランケットの場合、純リチウムや鉛との合金（共に水銀のような液体金属）や、フッ化物溶融塩という液体の使用も検討されている。実用化にはこれら液体で腐食しない構造部材の開発が重要となる。

▶ブランケットの構造と三重水素の増殖

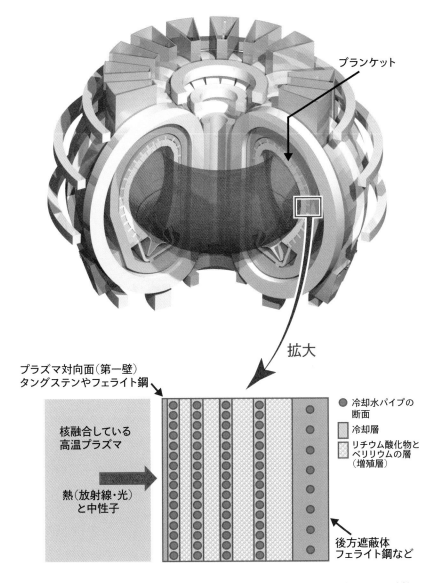

ブランケット

プラズマ対向面（第一壁）
タングステンやフェライト鋼

核融合している
高温プラズマ

熱（放射線・光）
と中性子

拡大

● 冷却水パイプの
　断面
▢ 冷却層
▢ リチウム酸化物と
　ベリリウムの層
　（増殖層）

後方遮蔽体
フェライト鋼など

ブランケットの中では、中性子をベリリウムに当てることで中性子数を2倍に増やしつつ、中性子をリチウムに吸収させることで三重水素を増殖する。また中性子の遮蔽と、そのエネルギーを熱で取り出すこともブランケットの役割である。うまく役割を果たせるよう、内部は役割別に層状になっている。（トカマク図提供：量子科学技術研究開発機構）

プラズマを1億度にするしくみ
電子レンジと同じ原理で加熱する

　核融合炉の実現には1億度以上のプラズマが必要だ。希薄なガスに電圧を加えて放電すると1万度程度のプラズマは比較的簡単に生成できる。例えば蛍光灯の中は1万度のプラズマである。核融合ではプラズマを1億度まで加熱する方法が必要なので、以下のような、ジュール加熱、中性粒子ビーム入射加熱および高周波加熱が開発された。

　ジュール加熱とは、電気抵抗がある金属線に電流を流すと発熱する電熱器と同じ原理だ。トカマクはプラズマに電流が流れているが、プラズマには電気抵抗があるので、この電流が作るジュール熱は加熱にも使えて、まさに一石二鳥だ。しかしプラズマの電気抵抗は、金属とは逆で、温度が上がるほど小さくなり、加熱パワーは下がる。一方、温度が上がるほど逃げる熱（ロス）は増えるので、ジュール加熱では1000万度程度で加熱とロスがバランスしてしまう。これだけでは1億度にはできない。

　ぬるい湯に熱い湯を継ぎ足して温めるのと同様に、高エネルギー（高速）の粒子ビームをプラズマに入射し1億度まで加熱しようというのが中性粒子ビーム入射加熱法だ。電気を持った粒子（イオン）を入射しても磁場に巻き付いて中まで入らないので、高速のイオンビームを途中で電気的に中和させ、磁力線に巻き付かない中性粒子ビームにしてからプラズマに入射する。プラズマの中まで入れば、プラズマとの衝突で電子がはがれ、プラスのイオンになり磁力線に巻き付いて閉じ込められる。

　電子レンジは、水分子の共鳴周波数と同じ高周波を使って、水分を温めることにより食べ物全体を温めている。このような共鳴を利用してプラズマを温めるのが高周波加熱だ。磁場中のプラズマはサイクロトロン周波数という周期で磁場に巻き付いて旋回しているので、この周波数と同じ高周波を外部から入射させることによりプラズマを加熱できる。

中性粒子ビーム入射システム
ンの左端に2機装着される）。

（1機で5000kWレベルのビームライン。右下のイオン源がビームライン
（写真提供：量子科学技術研究開発機構）

ニクロム線（抵抗の高い金属線）を使った家庭用電熱器。
ジュール加熱の応用例だ。

高周波加熱用のジャイラトロン。
これ1本で1000kW以上のパワーを出
す。（写真提供：量子科学技術研究開発機構）

2-12

燃えカスを取り出すしくみ
アルファ粒子は
プラズマ加熱後にヘリウム灰に

　核融合反応で発生したアルファ粒子は磁力線に巻き付くので炉心にとどまる。アルファ粒子は燃料であるプラズマより100倍以上のエネルギーを有しているのでプラズマを加熱し、自身はエネルギーを失う。エネルギーを失ったアルファ粒子は燃えカスであり、ヘリウム灰（アルファ粒子はヘリウムの原子核なので）と呼ばれている。ただし、「灰」は燃えカスという意味で使われているだけで、実際はいわゆる灰ではなく、普通のヘリウム原子核またはヘリウムガスである。

　炉心プラズマの燃料粒子と一緒にヘリウム灰も、プラズマ中心部から表面に拡散して、プラズマの外側に出てくる。その後はプラズマの外の磁力線に導かれてダイバータ領域にたまる。ダイバータの裏側には大きな開口部があり、ヘリウム灰は超強力な真空ポンプで核融合炉外に排気される。

　真空ポンプで排気されたヘリウム灰は不要だが、それと一緒に排気された燃料の水素（重水素と三重水素）は再利用できるので、ヘリウム灰を分離・除去した後に、もう一度炉心プラズマに燃料として注入される。炉心のプラズマに注入された燃料は数秒間、炉心にとどまるが、その間に核融合反応を起こすのは数％程度であり、90％以上は再び排気される。燃料注入の方法はガスとして噴射する場合と、小さな氷塊としてエアガンで打ち込む方法とがある。

　100万kWの核融合発電所では、だいたい年間75 kgのヘリウム灰が発生する。最近は超伝導コイルなどを冷やすのに使うヘリウムが不足しているが、日本のヘリウム使用量は年間約2000トンであるので、核融合で発生するヘリウムの量は残念ながら微々たるものである。

▶ダイバータのしくみと役割

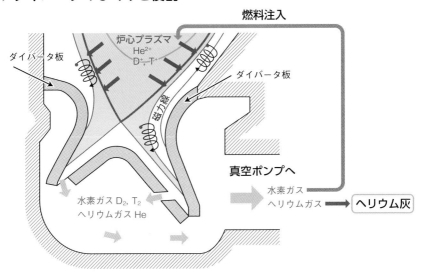

炉心プラズマで発生したヘリウム灰（ヘリウムガス）や燃料である水素粒子（水素ガス）の流れ。
ヘリウム灰や燃料水素はダイバータ領域に集まり、真空ポンプで排気される。

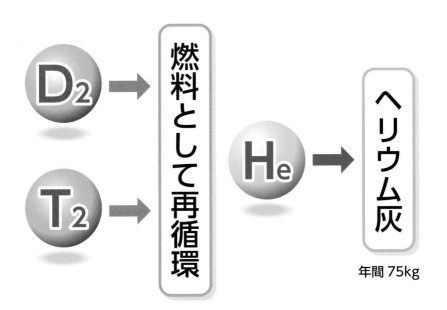

正確に測り、そして上手に調整する
一億度のプラズマの
計測と制御方法

　核融合炉を制御するためには、プラズマの温度や密度を精度よく測定する必要がある。一億度もあるから測定器を中には入れられないが、例えば、プラズマ中にマイクロ波を入射して密度を測定することができる。またレーザー光を入射し、その散乱光の波長の広がり（ドップラー効果）を利用してプラズマ温度が測定できる。ただし、外から光や電磁波を入射する測定法は、中性子に弱いなど、将来の核融合炉では採用しにくい。

　そこで核融合炉心プラズマから放出される光や電磁波を利用した受動的な計測が期待される。太陽から放出される光を計測することで太陽表面温度（約6000度）が推定でき、また赤外線カメラで人間の体温が測れるように、光や赤外線などの電磁波により、対象物の温度を測ることができる。温度が高くなると放射する電磁波は波長が短くなり、1億度のプラズマではX線を測定して温度を算出する。またサイクロトロン運動でも電磁波（この場合は携帯電話の電波程度の領域）を放出するので、温度を測ることができる。

　核融合炉の運転では、炉心プラズマが壁に接触しないよう安定に位置制御することと、核融合出力を決まった値に保持することが求められる。プラズマの位置や形状は、装置周辺に設置された多数の小さなコイルによる磁場測定で算出できるので、そのデータを使ってポロイダル磁場コイルの電流を変化させ、壁との距離を保つように制御する。また核融合出力や閉じ込め性能は、注入する燃料の量や重水素と三重水素の燃料混合割合を変えることにより制御する。トカマクではプラズマ電流を定常的に流すための中性粒子ビームや高周波の入射量も制御に使える。

光やX線のスペクトル

温度が低い

温度が高い

波長

レーザー光の波長

サーモグラフィでは、人間や物質から放出される赤外線を測定することにより対象物の温度が測れる。

動き回っているプラズマから放出される光や電磁波の波長が広がる（ドップラー効果）ことを利用して、プラズマの温度を測る。

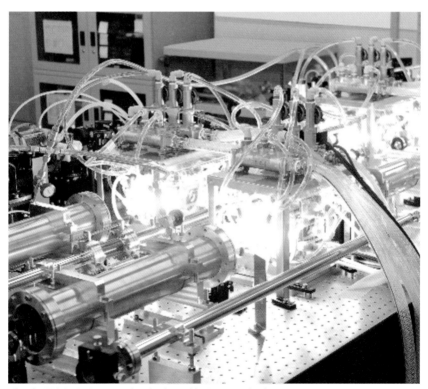

プラズマ温度を測るために、プラズマ中に入射されるレーザー光。
（写真提供：量子科学技術研究開発機構）

2-14

核融合エネルギーから電気を作るために
熱を電気に変換する

　右上図は、核融合炉本体のイメージだ。磁場で浮かして閉じ込めた1億度のプラズマを、ブランケットと呼ばれる構造物で取り囲んである。

　発電を行うには、プラズマで発生した核融合エネルギーを外に取り出さねばならない。注意すべきは、取り出すのは1億度のプラズマではない点だ。p.66で述べたように、核融合エネルギーの80％は、プラズマ内にはとどまらず、中性子としてプラズマから飛び出す。この中性子のエネルギーを受け止めるのがブランケットである。中性子は物質を透過しやすいので、ブランケットの厚みは60cm以上が必要になる。

　ブランケット部分の3つの役割をイメージ化したのが右下図だ。①燃料を製造する（p.70）、②中性子が持つ核融合エネルギーを受け止めて取り出す、③中性子が外に出ないようにする、の3つだ。

　中性子は、ブランケット内の物質と衝突しながらエネルギーを失い、十分に減速した後、燃料増殖用のリチウムに吸収される。ブランケットに中性子から得たエネルギーが与えられることで内部温度は上がるので、そこに水やガスを通すことで、水やガスにそのエネルギーを移し、それを外に運び出す。運び出してくる温度は決して1億度ではなく、流すのが水または水蒸気ならば350〜400℃、ヘリウムなどのガスを使えば700℃程度だ。これらの蒸気やガスはタービン（回転羽根）に導かれてそれを勢いよく回し、その回転で発電機を回して発電する。ブランケットで吸収されなかったごくわずかな中性子も、外には漏れぬようにブランケットの外には遮蔽壁がある。

　核融合エネルギーの残る20％は、プラズマにいったん吸収された後、プラズマ下部にあるダイバータかブランケット表面で吸収される（p.66）。このエネルギーも捨てずにうまく使うように設計される。

▶核融合炉本体のイメージ

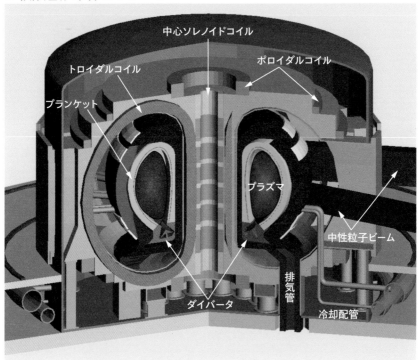

K.Okano, Y.Asaoka, T.Yoshida, Nuclear Fusion, Vol.40, No.3, PP.635-645

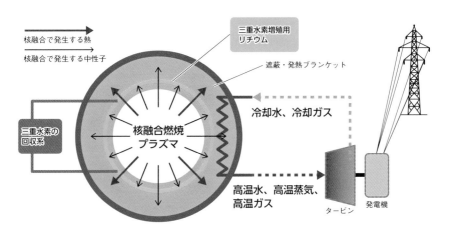

2-15

長く利用するための検査と修理
遠隔装置での保守点検を行う

　核融合で発生した中性子を受け止めるブランケットは、材料劣化やリチウム消費のため、最長でも数年に一回は保守や交換が必要になる。

　ブランケットは多数の超伝導コイルで取り囲まれており、交換するにも方法が限られる。また、ブランケット交換中は核融合炉の運転は止まり発電ができない。例えば、交換が2年に1回で期間が3か月かかるとしたら、運用できる割合（利用可能率）は87.5%になる。これは現在の発電所の利用可能率と比べ高い方とはいえない。ブランケット交換は、長くて3か月、できれば1か月くらいで終えたい。

　核融合実験炉ITERでは、ブランケットを各4トン以下の小ブロック400個に分けてあり、交換中はトーラス内部に設置したレール上を動く大型のマニピュレータ（遠隔操作腕、右上図）で一つ一つ交換する予定だ。400個を交換するには2年を要する。ITERは実験炉なので、交換作業に2年かかってもよいが、実用炉ならそうはいかない。

　実用炉での交換期間を短縮する方法は、超伝導コイルの隙間を通して、できる限り大きなブロックのブランケットを出し入れすることだ。垂直に抜く方法（右下段の左図）と、水平に引き出す方法（同右図）が考えられる。各ブロックは100トン以上になろう。上方向ならクレーンで吊り上げることができるが、トロイダルコイルの上部隙間は小さく、ブランケットをトロイダルコイル本数（16〜20）の2倍以上に分割せねばならないだろう。水平に引き出すなら、外側のコイル間隔が広いところを通せるので、コイルと同数のブランケット分割で済むかもしれない。ただ、コイルにかかる大きな電磁力を支える部材もこの外側部には必要なので、そこに大きな開口部を設置するのは、設計強度的に不利になる。そのため、現在の設計案では上引き抜きが主案になっている。

ITERに使われるマニピュレータ方式の保守装置。（写真提供：青柳敏史／子供の科学）

垂直に引き抜く場合

H. Utoh, K. Tobita,
Y. Someya, H. Takase,
Fus. Eng. Des.,
87（2012）1409-1413.

（図提供：量子科学技術研究開発機構）

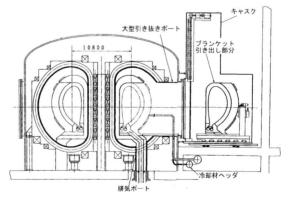

水平に引き出す場合

K. Okano, Y. Asaoka,
T. Yoshida, Nuclear Fusion,
Vol.40, No.3, pp.635-645.

2-16

発電はいつから始まるのか?
2050年を目指す核融合発電計画

　核融合発電の開発は1950年代から始まっていたが、日本のJT-60とその改造機JT-60Uの実験などにより、20世紀終盤にはその閉じ込め性能が確認された。次の段階は、建設中の実験炉ITERにより、実際の1億度での核融合燃焼を長時間維持できることを確認することである。ITERは、燃焼を確認し、関連する技術を開発することが目的なので、大規模な発電試験は行われない予定だ。電力供給に向けた本格的な、数十万kW規模の発電が実施されるのは、ITERの次に建設を予定している原型炉計画になる。右上図は、その開発計画の概要を示す。

　JT-60Uを超伝導コイルに改修したJT-60SAは、2020年に完成し、運用を開始している。これにより2025年ころに完成予定のITERの運転に先行して研究しつつ、その次の原型炉のための試験を行う。ITERは、機器完成後、最初の何年かは三重水素を入れない実験（すなわち1億度になっても核融合は起こらない状態）で慎重に性能を確認し、2035年頃に三重水素と重水素による核融合燃焼を確認する。

　核融合燃焼プラズマを長期にわたり維持し、発電を続けるには、燃焼と同時に燃料増殖が継続的にできるブランケットに加え、その他の周辺機器の開発と、それを構成する材料の開発も必要である。日本の開発計画は、ITERやJT-60SAと並行して、これら周辺技術の研究開発を大規模に行い、2035年のITERにおける燃焼が確認された時期に、次の原型炉建設への準備が整うように考えられている。

　ITERの燃焼試験の成功後、原型炉建設段階に進み、2040年代には発電試験を開始する計画だ。発電所として成立しうるほどに安定で継続的な発電の実証には10年程度をかけ、21世紀中葉（2050年前後）にはそれらの実証を終え、初代の核融合発電所建設に向けた準備が整う。

▶日本における核融合発電の開発計画

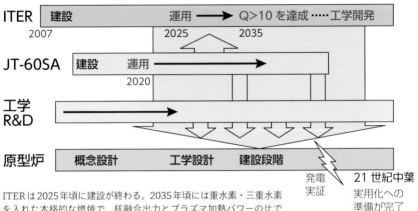

ITERは2025年頃に建設が終わる。2035年頃には重水素・三重水素を入れた本格的な燃焼で、核融合出力とプラズマ加熱パワーの比であるQが10を超えることを目指す。その後、原型炉建設段階に進み、2040年代に発電実証を実現し、21世紀中葉までに実用化への準備が完了する計画である。

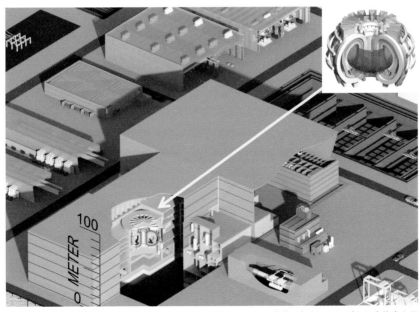

核融合発電を実証する初代発電所のイメージ図。右上はトカマク本体。矢印はそれが入る本体室を示している。本体だけあれば発電できるわけではなく、発電所はこのように大規模なシステムとなる。（図提供：量子科学技術開発機構）

2-17

レーザーを使ったもう一つの方法
レーザー核融合のしくみを知る

　ここまでは磁場を使って核融合炉を実現する方法を中心に説明してきたが、核融合実現にはもう一つの方法が研究されている。それが強力なレーザーを使った核融合だ。重水素と三重水素を直径数mmの球体にして、強力なレーザーで照射することで核融合を起こす。燃料は加熱されて飛び散るから、すべてが飛散するまでの100億分の1秒以下で核融合を終える必要がある。それを連続して繰り返すことで、核融合炉を運転する。磁場方式は連続燃焼なのに対し、レーザー方式は単発燃焼の繰り返しになる。

　核融合炉の実現には、一発ごとに、レーザーで入れるよりずっと大きな核融合エネルギーを発生できることが必要だ。そのためにプラズマが満たすべき条件を一言で表現すれば、高い圧力である。圧力は温度と密度の積（かけ算）であり、圧力が高いとは、温度と密度が共に高い状態である。レーザー核融合への挑戦は、太陽コアの圧力に匹敵する3500億気圧以上という超高圧力を人工で作ることへの挑戦と言い換えられる。磁場核融合方式とレーザー核融合方式が達成すべき温度はともに一億度程度で同じであるが、レーザー方式では短い時間で膨大な回数の核融合反応を起こさなければならないため、レーザー方式が達成すべきプラズマの密度は、磁場方式よりも約1兆倍も高いのだ。

　1960年にセオドア・メイマンがルビー結晶を使い、世界初のレーザーの発振に成功。1965年頃には、強いレーザーをレンズを使って空気中に絞ると、空気が高温のプラズマになることが広く認識された。1971年には名古屋大学プラズマ研究所にて、レーザーを固体重水素に照射し、世界で初めてレーザーによる核融合中性子が観測された。

▶ レーザー方式核融合と磁場方式核融合

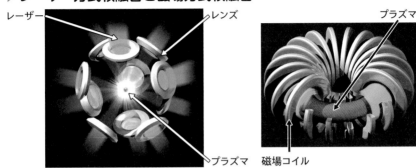

レーザー　レンズ　プラズマ　プラズマ　磁場コイル

（図提供：大阪大学レーザー科学研究所）

▶ レーザーによる燃料ターゲットの加熱と圧縮（爆縮）

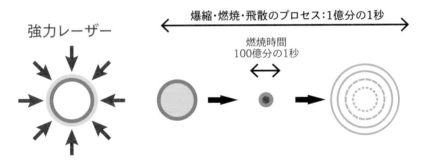

強力レーザー

爆縮・燃焼・飛散のプロセス：1億分の1秒

燃焼時間
100億分の1秒

直径5mm程度のターゲットを強力なレーザーパルスで照射。

高温になると同時に周辺部が外に飛び散り、その反作用でターゲットを圧縮し、同時に加熱が起こる。

圧縮によって1億度を達成し、燃焼する。

（図提供：大阪大学レーザー科学研究所）

COLUMN レーザーの歴史

　1960年にセオドア・メイマンがルビー結晶を使い、世界初のレーザー発振に成功した。1962年にはルビー結晶の中にエネルギーを蓄えてからレーザー発振をするQスイッチ法が発明され、パルス的に明るいレーザーを発振できるようになった。また、光の波の性質を使って時間的な干渉を起こし、極めて短い時間に、明るいレーザーを発振させるモード同期法も生まれた。この短いレーザー光をエネルギー増幅することで、更に明るくした技術が2018年にノーベル物理学賞を受賞したチャープパルス増幅法である（p.91コラムも参照）。これらのパワーレーザー技術の革新によって、後述の高速点火法のように、レーザー核融合の実現に向けた多様なアプローチが可能になった。

　実は、単にレーザーを燃料球に集光するだけでは、温度は上がるが密度は低いままで、圧力（温度×密度）の急激な上昇は実現できなかった。それを可能とするのが、「爆縮」である。燃料球に四方八方からパワーレーザーを照射する。核融合燃料の表面はレーザーで加熱され、プラズマとなって外向きに飛び散る。これは全方向に噴射するロケットのようなものなので、外向きに飛び散る力の反作用で、残った燃料球は内向きの力を受けて縮んでいく。これが爆縮である。爆縮によって核融合燃料の半径は小さくなるため、密度も高くなる。温度の上昇を理解するには物理の知識が少し必要である。燃料の圧縮という外部から加えられた仕事によって、燃料のエネルギーが増加し、そのエネルギーの増加は温度という形で現れる。温度と密度を同時に高くできる爆縮のアイデアが発表されてから、パワーレーザーを使った核融合エネルギーの研究が本格的に開始された。

　国内では大阪大学が1983年に、1ビームあたり1.3 kJ（キロジュール、1.3kJは1000ワットの電気が1.3秒で出すエネルギー）の出力が可能な12本のビームで構成された激光XII号レーザーを完成させ、爆縮実験を開始した。1986年には、重水素と三重水素の気体を封入した直径1mm程度のガラス風船を爆縮することで、10兆個の核融合中性子（当時の世界最高記録）の発生を確認した。密度を上げるための実験も行われ、1986年には固体密度の600倍に達する高密度圧縮（当時の世界最高記録）を実現した。研究の早い段階で、温度と密度をそれぞれ個別に高めることには成功したが、温度と密度を同時に上げるというハードルは極めて高かった。このハードルは流体力学的不安定性と呼ばれる現象に起因している。米国の国立点火施設では、2000kJ ものレーザーを使った実験が行われているが、核融合によるエネルギー増幅（レーザーで入れたより大きなエネルギー）がなかなか得られなかったのは、この不安定性が主たる原因だった。しかし、様々な改良により2022年には1.5倍の増幅がついに達成された。

大阪大学の核融合実験用大型レーザー。
（写真提供：大阪大学レーザー科学研究所）

　レーザー核融合における最大の障壁である流体力学的不安定性とは何かを説明しよう。水の上に、水よりも密度が低い（同じ体積なら軽い）油がのっている状態を考えてみる。棚に保管されたオイル入りのサラダドレッシングは、正にこの状態である。ドレッシングを振ると水と油の界面が波立つが、この状態で放置しても波の振れ幅が増えることはない。これは、水の上に油がのった状態が安定であることを示す。一方、ドレッシングを素早く上下にひっくり返してみる。一瞬だけ、油の上に水がのった状態が生まれるが、瞬く間に水と油が激しく混ざり合い、水の上に油がのった状態に戻る。これは、油の上に水がのった状態が流体力学的に不安定であるためであり、安定な状態に戻ろうとする現象である。レーザー核融合において爆縮中の核融合燃料は、その表面が外から内向きに押されることで、上記と同様な流体力学的に不安定な構造になっており、2つのプラズマは激しく混ざり合い、核融合燃料はいびつに潰れてしまう。

　流体力学的不安定があっても、高密度圧縮が達成できることは大阪大学の実験で明らかになり、その後の海外の実験でも追証された。そこで、高密度に圧縮された燃料を、後から瞬間的にレーザーで追加熱することで温度を上げるという発想が生まれた。これが今日では高速点火と呼ばれる方式である。

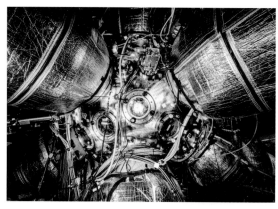

激光ⅩⅡ号レーザーの集光部。
（写真提供：大阪大学レーザー科学研究所）

▶ 流体力学的不安定性

軽い流体が重い流体を支える状態では不安定化する。

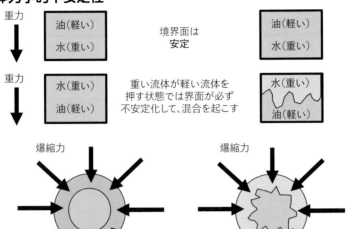

重力

油（軽い）
水（重い）

境界面は
安定

油（軽い）
水（重い）

重力

水（重い）
油（軽い）

重い流体が軽い流体を
押す状態では界面が必ず
不安定化して、混合を起こす

水（重い）
油（軽い）

爆縮力

爆縮力

▶ チャープパルス増幅法のイメージ

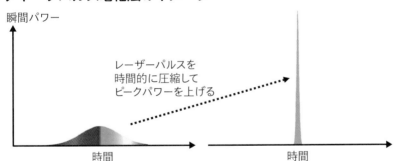

瞬間パワー

レーザーパルスを
時間的に圧縮して
ピークパワーを上げる

時間

時間

レーザー光の圧縮　　　　　　　　　　　　　　COLUMN

　1985年にチャープパルス増幅法（2018年ノーベル物理学賞受賞）が発表された。これはレーザーのパルスを時間的に短く圧縮することで、レーザーのピークパワーを上げる技術だ。この技術により、数ピコ秒（ピコ秒=1兆分の1秒）で数百ジュールのエネルギーを運ぶことができる短パルス高強度レーザーが出現し、高速点火方式の研究が開始された。1ジュール/秒が1ワットなので、数ピコ秒の一瞬ではあるが、その瞬間パワーは百兆ワットくらいということになる。

　大阪大学では高速点火方式の研究のためにPW（Peta-Watts）レーザーを建設し、プラズマを加熱することに成功した。PWとは千兆ワットのことだ。それをさらにグレードアップした「LFEXレーザー」も建設され、最近では200億気圧の実現に成功した。レーザー核融合エネルギーの実現に必要な圧力の達成に向けて不断の努力が続けられている。

　図は高速点火方式の素過程（圧縮、加熱、燃焼）を示している。まず、多方向から燃料球にパワーレーザーを照射し、核融合燃料を爆縮する。ここまでは従来方式と同じだ。爆縮で燃料が最大圧力になったところで、燃料内部に向けて加熱用レーザーを照射する。ただし、レーザー光が内部に入るのを周辺の低温のプラズマが邪魔しないように、加熱用レーザーの進路にはプラズマを遮る円錐がある。加熱用レーザーによって円錐先端にある燃料が加熱されて核融合反応が起こる。核融合によって生じたアルファ粒子は加熱された領域の周りにある核融合燃料をさらに加熱して1億度以上にし、核融合反応が燃料全体に燃え広がっていく。この状態になることを、レーザー核融合での「点火」と呼ぶ。

　核融合炉実現には、この核融合反応を1秒間に10回程度繰り返す必要がある。半導体レーザー、セラミックレーザー材料、Yb系レーザー材料の発明によって、10J（ジュール）のレーザーを1秒あたり100回出力が可能なレーザー装置が既に開発されている。複数のレーザーを結合する技術も生まれており、1ビームあたり100Jの出力を達成できれば、複数のビームを結合することでレーザー核融合に必要なエネルギー（数万〜10万J程度）を実現できる見通しが立つだろう。

　米国には、ローレンスリバモア国立研究所に世界最大の国立点火施設（NIF）があり、ロチェスター大学にOMEGAレーザーがある。フランスにはNIFと同規模のレーザー・メガジュール施設があり、中国には神光II号及び神光III号がある。核融合に限らずパワーレーザーを用いたプラズマ物理や応用を研究している施設はさらに多く存在している。

▶高速点火方式のイメージ

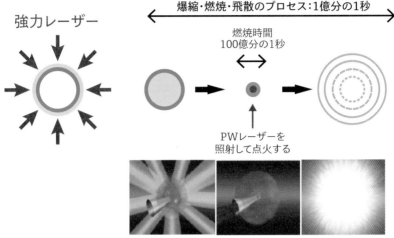

爆縮・燃焼・飛散のプロセス：1億分の1秒

強力レーザー

燃焼時間
100億分の1秒

PWレーザーを
照射して点火する

（図提供：大阪大学レーザー科学研究所）

金製の円錐が付いた燃料球。
（写真提供：大阪大学レーザー科学研究所）

レーザーによる学術研究　COLUMN

　　レーザー核融合に必要な超高圧力は幅広い学術としての価値もある。例えば、太陽を構成している物質の光に対する不透明度の計算値を使って太陽標準モデルで計算した太陽の構造と、日震学（太陽の表面での振動を観測することで内部を推定する科学）から同定された構造が一致しないという問題がある。太陽内部の温度・密度を有する太陽構成物質をパワーレーザーで生成し、その不透明度を計測すれば、上記計算の妥当性を検証することが可能である。このように、パワーレーザーを用いて宇宙物理の疑問を解決する研究をレーザー宇宙物理と呼び、近年活発に研究が行われている分野である。

加速器が作る強力中性子

　核融合反応から生じた中性子が、周辺の機器の材料に照射されると、材料中の原子が衝突（相互作用）によって弾き飛ばされたり、核変換（元とは異なる元素になること）してしまったりすることによって、材料の性質、特に材料の強さを劣化させてしまうことが知られている。すなわち、核融合炉に使われる材料が、核融合炉の使用期間中に十分に健全であるかどうかを事前に試験することが必要である。しかし、核融合炉から生じる14MeV（メガ電子ボルト）という高いエネルギーを持つ中性子は、核融合炉で初めて十分な量が発生させられるため、核融合炉を作るために必要な材料は核融合炉がなければ試験できないという、「卵が先か、ニワトリが先か」という問題に陥ってしまう。これを打破する施設が、加速器によって核融合炉の中性子を模擬する加速器駆動型強力中性子源であり、「国際核融合材料照射施設IFMIF（イフミフ）」の加速器が日欧協力プロジェクトであるIFMIF/EVEDAの元で青森県に建設され、性能実証試験が進められている。IFMIFは、四重極型という電極（写真上）によって加速をした大電流の重陽子ビームをリチウムにぶつけることによって、核融合炉の中性子に近いエネルギーを持つ中性子を大量に発生させることをめざす。これらの成果は、わが国独自の加速器駆動型強力中性子源A-FNSの設計にも活かされている。IFMIFやA-FNSを用いることによって、核融合炉に使用される材料を、核融合炉を作る前に試すことが可能となるのだ。

イオンを加速するための電極。
（写真提供：量子科学技術研究開発機構）

IFMIF/EVEDAの加速器。
（写真提供：量子科学技術研究開発機構）

第3章

核融合エネルギーの安全と環境問題

● ● ● ● ● ●

地球温暖化は待ってくれない…
人類文明と生態系を守るエネルギー政策

　右上の写真は、人工衛星400個の画像から合成した地球の夜間の姿だ。電力消費が多い場所ほど照明も多く、明るく輝く。日本は世界でもっとも明るく輝く場所の一つだ。ただし、アフリカや南アメリカなど、暗い地域にもたくさんの人が住んでいることも忘れてはならない。

　いまも世界は8割以上のエネルギーを石炭・石油などCO_2が大量に出る資源を燃して作っている。火力発電では、熱から電気への変換効率が30%〜50%程度だから、使っている電気の2〜3倍分に相当するエネルギー分の燃料が、どこかで燃えていることになる。そして、燃料から出るCO_2が地球温暖化をもたらし、いまや人類文明の未来を左右する事態になっているのはご存じの通りだ。

　右下の図は、気候変動を世界的に議論する場であるIPCC（気候変動に関する政府間パネル、Intergovernmental Panel on Climate Change）が2007年に示した平均気温変化の研究結果の総まとめだ。西暦1000年ころは少し温暖で、1600年から1800年頃、少し地球は寒かった。その後の産業革命以後、化石燃料の消費とCO_2排出が急増したのに呼応するかのように、平均気温は急速に上昇中だ。1891年から2018年までの気温上昇は、100年あたり換算で0.73℃だった。今後100年ではそれが大きく加速する恐れが高いが、予測には幅があり2100年で2℃〜8℃の上昇とされる。2019年にIPCCが発表した報告では、最悪の場合、海面上昇1.1m、沿岸湿地9割が消滅、小氷河の8割は溶け、漁獲量は24%減、浸水被害100〜1000倍、海洋熱波50倍、永久凍土や南極氷床の融解が加速、などと予測されている。いったん上昇したCO_2濃度は簡単には減らないので、「そこまではなるまい」と放置して、もし悪い方向に外れたら、取り返しはつかない。

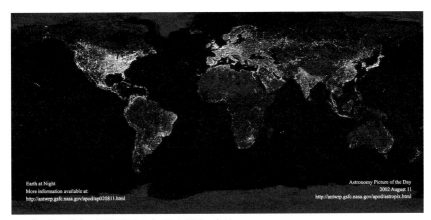

人工衛星（400個）の撮影画像から合成した地球の夜景。
https://apod.nasa.gov/apod/ap020810.html
C. Mayhew & R. Simmon（NASA/GSFC）, NOAA/ NGDC, DMSP Digital Archive

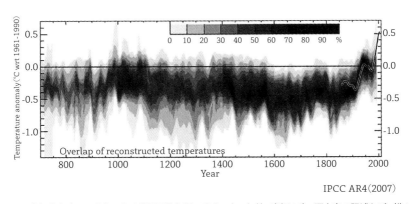

IPCC AR4（2007）

IPCC4次報告書（2007年）による世界平均気温の変化。木の年輪、南極の氷、歴史書の記述など、様々
な方法での推定である。1850年以後の実線は温度計による実測値で、過去の推測値ともうまくつなが
る。

核融合はいつ実現するのか？
実用化に向けた開発計画について

　第2章でも述べた核融合開発計画を少し詳細に説明する。我が国の開発は右図のような段階的な開発ステップを踏むものになっている。

　JT-60、それを改良したJT-60Uにより、ゼロパワーすなわち一億度にするための加熱パワーと核融合から得られるはずのパワーの比Q値で1をすでに実現している。今後、2020年4月に改修が終了したJT-60SAを用いて研究を進める。JT-60SAには二つの使命がある。一つは建設中の実験炉ITERでの核融合連続燃焼実験の成功を支える先行的研究を行うこと。もう一つは、ITERと協力しながら、その次に計画されている原型炉（後述）に必要なプラズマを開発することだ。

　建設中のITERでは、2035年頃までに、約50万kWの核融合熱出力の実現とパワー比Q値で10以上を目指す。燃焼の継続時間は400秒を当初の目標としているが、その後に、さらなる長時間運転も探求する。核融合燃焼の成功の後は、材料を含めた工学開発を行い、次の段階である原型炉の建設に備える。

　原型炉は、ITERでは行わなかった本格的な連続発電の実証と、燃料の自己増殖機能の完成を目指す。同時に、実用化のための運用性、信頼性、経済性の見通しなどを探求し、実用化に備える。

　右下図のように、これらの計画を段階的に進めることで、新規核融合炉の実用化段階が21世紀の中頃までに間に合うよう計画が進められている。初代の核融合炉の導入後、2100年への半世紀で、順次、新規核融合炉を投入していくことで、21世紀の終わりには、電力や水素製造のかなりの部分を核融合炉が担う未来を想定している。CO_2をほとんど出さずに安定してエネルギーを供給できる核融合は、将来、地球環境の維持と改善に大きな役割を果たせるに違いない。

▶段階的開発で進める核融合開発

JT-60SA　→　実験炉 (ITER)　→　原型炉

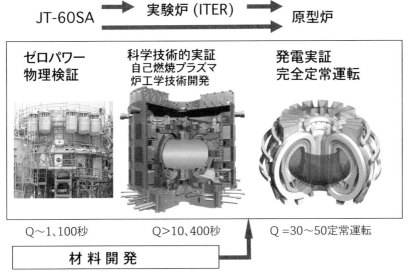

ゼロパワー
物理検証

科学技術的実証
自己燃焼プラズマ
炉工学技術開発

発電実証
完全定常運転

Q〜1、100秒　　　　Q>10、400秒　　　　Q =30〜50定常運転

材 料 開 発

（写真・図提供：ITER機構、量子科学技術研究開発機構）

▶21 世紀中葉の実用化を目指す核融合開発計画

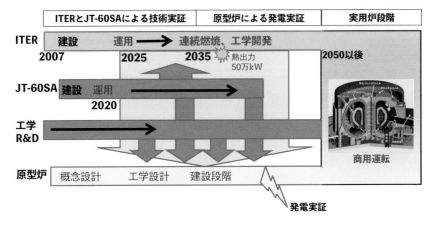

3-03

核融合って安全なの？　①
核融合の「安心感」と「安全性」

　大きなエネルギーや電力を取り扱う以上、絶対に安全なエネルギーシステムなどはない。しかし、どんなエネルギーシステムも、基準に沿って十分に安全であるとみなされなければ、建設も使用も許されることはない。それでも人々が不安なのは、想定外・基準外の出来事で、想像もしないことになったらどうなるか、という点であろう。これは、いわば「安心感」の問題だ。そこで、安心感を考えることから始めよう。

　最初に放射能*の単位「ベクレル」の説明をしておく。2011年の原発事故以来、聞きなれた単位になったが、これは放射線*の強さではなく、「一秒間に何個の原子が放射線を出すか」を示す単位だ。放射線が強いか弱いか、鉄をも突き抜けるか、紙一枚で防げるかには関係ない。自転車千台と大型トレーラー千台、どちらも千台だが、総重量は全然違うのと同様だ。ベクレルで安心感は図れない。また、ベクレルは放射線を出す原子の数だから大きな数字になりがちだ。人体には約7000ベクレルの放射能がある（右上図）。食物中の放射能もベクレルでいうとkgあたり百ベクレル程度になるが、この数字で驚く必要はない。

　安心感を計る一つの基準としては毒性指数というものがある。これは放射能も含めた毒物について、人体に害がなくなるまで薄めるために必要な空気か水の体積で表す。怖い毒ほど、多くの水か空気で薄めなければならない。この指数なら殺虫剤とサリンの怖さの差も示せるわけだ。

　運転中の核融合炉に内在する揮発性物質の放射能の毒性指数は、現在の原発に含まれるそれの数千分の1程度と予想されている。2011年の原発事故で空気中に放出された放射能の毒性指数と比べても千分の1程度とされる。それをもって何があっても安全とはいえないのだが、内在する毒性指数が数千分の1であるのは、安心感では重大な差だ。

*放射能と放射線の違い：放射線を出す能力のことを放射能という。

▶人体や食物中の自然放射能

●体内の放射性物質の量

（体重60kgの
日本人の体重）

カリウム40	4,000 ベクレル
炭素14	2,500 ベクレル
ルビジウム87	500 ベクレル
鉛210・ポロニウム210	20 ベクレル

●食物中のカリウム40の放射能量（日本）

（ベクレル／kg）

米30　　　ほうれん草200　　干ししいたけ700

魚100　　　　　　牛肉100

人体には 10^{29} 個の原子が含まれ、そのうち、0.0000…00007％（ゼロが24個続く）である7000個が毎秒放射線を出している、ということに過ぎない。7000という数値に驚いてはいけないのだ。同様に食物にもkgあたり数百ベクレル程度の放射能は入っているのが普通で、ゼロはあり得ない。これが自然界というものである。環境科学研究所による資料（http://www.ies.or.jp/publicity_j/mini/2007-09.pdf）を参考に著者が作成。

▶毒性指数の比較表

	核融合炉［1］ 三重水素 1.0kg	軽水炉［1］ （ヨウ素131）	2011 事故放出［2］ （ヨウ素131 換算値）
A: 放射線量（10^{18}Bq）	0.37	5.4	0.77
B: 空気中最大許容濃度 （Bq/m³）	5000	10	10
毒性指数（＝A/B） （10^{18}m³）	0.000074	0.54	0.077
毒性指数の比	1	7300	1000

［1］原子力委員会、核融合会議開発戦略検討分科会, 核融合エネルギーの技術的実現性, 計画の広がりと裾野としての基礎研究に関する報告書, 平成12年5月17日
［2］日本国政府, 原子力安全に関するIAEA閣僚会議に対する日本国政府の報告書－東京電力株式会社福島原子力発電所の事故について－, 平成23年6月

核融合って安全なの？　②
すぐ停められ、早期に減衰が可能

　前節では、核融合炉に内在する毒性指数が圧倒的に小さいことを説明した。しかし、それに加えて、核融合炉は、そもそも放射能が放出されるような事故が起きにくいという本質的な安全上での特長がある。

　プラズマ内の燃料は燃焼の数秒分しかないので、外部から燃料を入射し続けることで燃焼が維持される。この燃料供給が止まれば、燃焼は数秒以内に停まるわけだ。逆に燃料を入れ過ぎて、核融合反応が想定以上に多くなり、プラズマの温度や密度が上がり過ぎた場合も、プラズマ制御ができなくなって必ず停止に到る。炉内でなにかが壊れ、水やガスが漏れたり、部品が落ちたりすれば、それがプラズマに入って不純物となる。1億度のプラズマは純粋な状態でないと高温を維持できないので、不純物が入ると、プラズマは冷えて核融合反応は停まる（右上図）。

　一億度のプラズマは、磁場を制御して周囲の金属に触れぬよう空中に浮かせている。制御系統になにか異常が発生すれば、制御ができず、プラズマを維持できない。高温のプラズマが金属に少しでも近づけば、金属表面が蒸発してプラズマの不純物となり、直ちに温度は冷えて停止に到る。このように、意に反して暴走することは原理的にないのが核融合炉である。

　原因を問わず、とにかく事故が起きてしまったらどうなるだろうか。2011年の原発事故では、原子炉は停止したが冷却ができず、残留放射能の発熱で燃料棒が溶けてしまった。この点で核融合炉は内部には燃料棒はないし、構造物の残留発熱の密度が低く、熱破壊に到らない設計は容易だ。

　万が一の時、冷却ができなくなっても、全体が壊れる事故にはなりにくいといえよう。

▶核融合炉の固有安全性

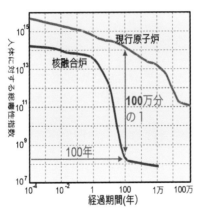

燃料を常に入射して
燃焼を維持している

燃料を止めれば
数秒で停止

プラズマを磁場で
制御して浮かしている

電気系統、制御系統に異常
があれば、プラズマは維持
できず、すぐに停止

（グラフ内）

人体に対する総毒性指数

現行原子炉

核融合炉

100万分
の1

100年

経過期間(年)

運用終了後の廃棄物：その毒性指数は、現行原子炉（核分裂炉）の廃棄物
に比べ**100年で百万分の1**まで減衰。廃棄でなく再利用の可能性もある。

トカマクの図は量子科学技術研究開発機構提供、グラフは原子力委員会、核融合会議開発戦略検討分
科会，核融合エネルギーの技術的実現性，計画の広がりと裾野としての基礎研究に関する報告書，平成
12年5月17日より。

廃炉後の安全性　　　　　　　　　　　　　　　　　　　C◎LUMN

　　何十年か使ってからの廃炉を考えると、核融合炉からの放射性廃棄物は、高レベル廃
棄物に分類されるものがない。また、現行原子炉の放射性廃棄物の毒性指数と比較すれ
ば、毒性指数は急速に減衰する。上の図に示すように、100年で100万分の1まで減るの
だ。運転中の内在する毒性指数も数千分の一だったことも考えあわせれば、核融合炉は
安全で安心できるエネルギー源になると信じるに足るのではないだろうか。

3-05

核融合のゴミは再利用できる
廃棄物の種類と最少化について

　核融合反応で出る中性子が、ブランケットや超伝導コイルなどに吸収されることで、その物質は一部が放射性元素に変化する。それゆえ核融合炉からも放射性廃棄物は出る。ただし、いわゆる高レベル放射性廃棄物に分類されるものはない。核融合炉の放射性廃棄物でもっとも厄介なものは、電子線である β（ベータ）線か電磁波である γ（ガンマ）線が強い高 $\beta\gamma$ 放射性廃棄物である。そのほか、さらに弱放射性の低レベル放射性廃棄物があるが、その中でも技術的には一般廃棄物と同等に扱えるほど低レベルのものを、ここでは極低レベル放射性廃棄物と呼ぶ。慣習的に、核施設から出たゴミは、どんなにレベルが低くても（計測限界以下でも）、放射性廃棄物として扱うが、それに技術的な合理性はなく、それより若干高い微放射性のゴミ（石炭の灰など）は普通ゴミとして捨てている。

　右上図に、各放射性廃棄物がどのように処分されるかを示す。極低レベル放射性廃棄物は、放射性が一般ゴミの基準限界値以下なのではあるが、気持ちの上で、一般ゴミとして捨てることは難しかろう。そこで考えられているのが、次の核融合炉の建設でのこれらの再利用である。それにはできるだけ多くの放射性廃棄物が極低レベルである方がよい。そこで考えられたのが、放射性廃棄物最少化設計だ。通常設計では超伝導コイルに当たる中性子が超伝導性能を損ねないことを目標に設計するが、それを変更し、多少大型化するが放射性廃棄物が最小になるように、ブランケット外側の中性子遮蔽板を厚めに設計する。右下図に示すように、高 $\beta\gamma$ や低レベル放射性廃棄物は大きく低減する。また、最適化設計では、廃棄物の7割くらいを極低レベルにすることが可能だ。扱いにくい高 $\beta\gamma$ 放射性廃棄物は少量になり、大部分が再利用可能になる。

▶核融合炉の放射性廃棄物の処分方法

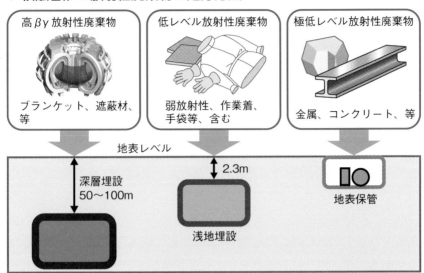

核融合炉からの放射性廃棄物は、中レベル（高βγ）放射性廃棄物、低レベル放射性廃棄物、それと放射性廃棄物として取り扱う必要が技術的にはない限界値以下の極低レベル放射性廃棄物に分かれ、それぞれによって処分方法が異なる。K. Tobita & R. Hiwatari, Journal of Plasma and Fusion Research Vol.78 No.11（2002）pp.1179-1185 による。（トカマクの図提供：量子科学技術研究開発機構）

▶毒性指数の比較表

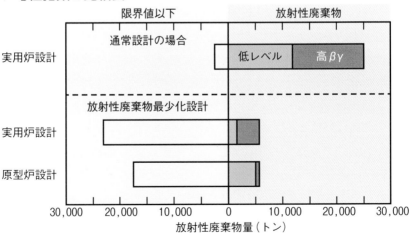

核融合炉の放射性廃棄物は、放射性廃棄物最少化設計により、そのほとんどを限界値以下の極低レベルにしてしまうことが可能。K. Tobita & R. Hiwatari, Journal of Plasma and Fusion Research Vol.78 No.11（2002）pp.1179-1185　による。

3-06

どこにどれくらいある？
核融合のエネルギー資源

　第1章では核融合のエネルギー資源が海に膨大な量があることを説明したが、そこを詳しく見ていこう。核融合炉に使う反応は、重水素（D）と三重水素（T）によるDT反応である。重水素は海水中にある。大多数の水はH_2Oの化学記号でわかるとおり、普通の水素Hと酸素Oからできているが、まれにだが、その水素Hの一つが置き換わり、記号でHDOの水があるのだ（Hが2個とも置き換わったD_2Oは自然界にはあまりない）。海水中の重水素は7000個に1個くらいあり、海水全体では膨大な量である。むしろ、そのHDO水をどうやって分離するかが気になるだろう。実はHとDは重さが2倍も違うので、化学反応にもわずかな差が出る。それを利用し、わずかなエネルギーを使うだけでHDO混合水から純粋なD_2O水にまで濃縮することが可能だ。硫化水素（H_2S）を使う大量生産技術も確立されている。純粋なD_2Oになれば、それを分解して重水素を取り出すのも容易だ。

　三重水素の方は天然にほとんどないので、ブランケットの中でリチウムに中性子を吸収させて作り出す（p.70参照）。だから燃料資源として必要なのはリチウムということになる。現在は、鉱山や、海水が干上がった塩湖から回収している。しかし、リチウムは海水中に高濃度で溶けていて回収利用が有望な資源とされ（右下図）、リチウムを海水から効率よく回収する技術も存在している。ただ、まだ塩湖などからのリチウムのほうが安いので、海水からのリチウム回収は商業化まではされていない。しかし電気自動車の普及とともに電池用のリチウムの需要が急拡大しており、早晩、海水リチウムの利用も始まるはずだ。核融合でも海水リチウムが利用できれば、その資源量は、全世界の電力を核融合で発電したとしても150万年分もある。そう簡単にはなくならないのだ。

▶核融合の資源量の概要

DT核融合反応

重水素＋三重水素　→　ヘリウム　＋　**エネルギー**

　　　→ 発電所内でリチウム（Li）から作る

1）重水素（海水中に無尽蔵）

海水中の水素の7000個に1個は重水素

同位体効果による硫化水素の化学交換反応率の差を用いた
高効率な重水素の大量製造技術は実用化済。
製造に要するエネルギーは、得られる核融合エネルギーに
比べて微少で、大量生産技術も既存。

$$H_2O + HDS \Leftrightarrow HDO + H_2S$$

2）リチウム（海水中に無尽蔵）

世界の電力を核融合で発電するとしたら：

発見済の地上資源・・・600万年分（＋発見予想分：5万年分）
海水中には・・・・・150万年分が回収が容易に可能な濃度で存在

海水からの回収技術も存在する。

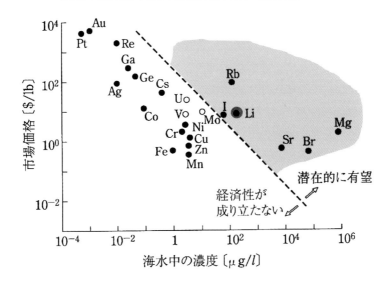

海水中の資源濃度と有用性（Driscoll, MIT Report, 1982を基に作成）
リチウムは海水中資源の中でも濃度が100μg/lと高く、
回収利用が有望な資源とされる。

原子力発電との違いを知ろう
核融合の燃料サイクルは
所内で閉じる

　現在の核分裂を使った原子力発電所（原発）と核融合発電所の燃料に関する最大の違いは、前者は核物質であるウランやプルトニウムで、後者は重水素と三重水素である点だが、それに加えて、もう一つ重大な違いがある。それは燃料の循環システム、燃料サイクルの違いだ。

　右図下段に原発の場合を示す。燃料の再利用には様々な処理をする工場が必要だ。原発からの使用済み燃料の処理システムは大規模であるため、まず複数基の原発からの燃料を再処理工場に集めて処理する。その後、燃料に再加工するまでには図に示したような複数の工場でいろいろな処理を行う。我が国では、青森県に六ケ所再処理工場を建設中である。なお、我が国は、再処理に関して完全には自立できておらず、多くの部分を海外に輸送して再処理している。すなわち、核物質の輸送が伴う燃料サイクルの境界が、国の境界外にまで広がっていることになる。

　一方、図上段のように核融合炉の燃料サイクルは核融合炉システム内でのループなので、核融合施設の敷地内で閉じているのだ。また、燃料物質として外部から持ち込むものは非放射性の重水素とリチウムである。放射性がある三重水素は炉内で増殖されるので、運用中には持ち込む必要がない。炉の運用開始前にのみ、初期装填用の三重水素が外部から持ち込まれる。ただし、それなしで重水素だけからでも核融合燃焼は起動でき、半年ほどの時間はかかるが炉内の増殖のみで徐々に三重水素を増やしていくことも可能だ。三重水素は天然にないので、万が一、入手できないときに備え、この重水素だけの起動法も重要な選択肢である。もし、すべての核融合炉でこの起動法を採用すれば、所内外の間の放射性燃料の輸送はなくなる。なお、廃棄物については所内に保存し、放射能の減衰を待ってから、その大部分を再利用することになろう。

▶核融合炉の燃料サイクル

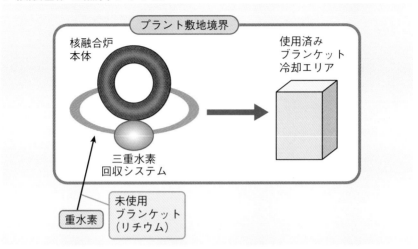

▶原発（核分裂炉）の燃料サイクル

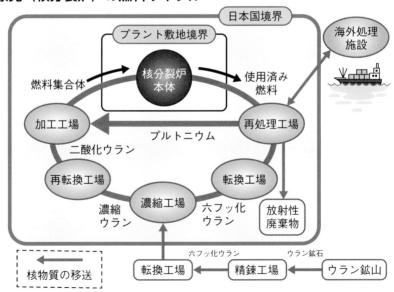

原子力委員会、核融合会議、開発戦略検討分科会　「核融合エネルギーの技術的実現性－計画の拡がりと裾野としての基礎研究に関する報告書」（平成12年5月17日）による。

化石燃料がなくなるのはまだずいぶん先になるが…
エネルギー問題は
環境問題と考えよう

　石油、天然ガス、石炭などの化石エネルギーはもうすぐなくなってしまうから、核融合など新型エネルギーの開発を急ぐのだろうか。実は、どんどん燃やしていいなら、まだかなり化石資源はあるのだ。右図は、これまでのように世界需要の９割を化石燃料の燃焼でエネルギーを供給していった場合、いつごろ化石燃料資源が尽きてエネルギー不足になるのかの予想図だ。縦軸は石油量に換算したエネルギー量、横軸は1900年から2400年に至るまでの時間だ。図に示される通り、石油や天然ガスはたしかに少ないが、石炭は、多少掘るコストが高くなってもよければ、まだたくさんあるというのが知られている。石炭をずっと燃やし続けていても、いよいよ不足するのは、なんと22世紀も終盤に入ってからという。加えていえば、この予想図には、昨今話題のシェールガス、シェールオイルのような非在来型といわれる化石燃料は含まれていない。シェールガス・オイル以外にも、メタンハイドレード、コールベッドメタン（石炭層から取れるガス）等々、使いにくくはあるが、非在来型の化石燃料は、まだたくさんある。なくなるのは23世紀以後になるのかもしれない。本章の最初で述べたように、地球温暖化の視点から、そんなに長く待ってはいられないのだ。すなわち、エネルギー問題というのは、資源不足問題なのではなくて、完全に環境問題なのである。

　核融合は、燃焼中にCO_2を出さずに発電できる技術としては、ほとんど無尽蔵といってもよいほど非常に大きな燃料資源があり、かつ安定してエネルギーを供給可能な選択肢だ。いまやITERによる核融合燃焼が目前に迫る段階まで進展してきた。核融合はもはや夢ではない。開発には大きなお金がかかるが、人類の未来のために、いまこそこういう新技術に投資すべき時期なのではないだろうか。

▶化石燃料はまだなくならない

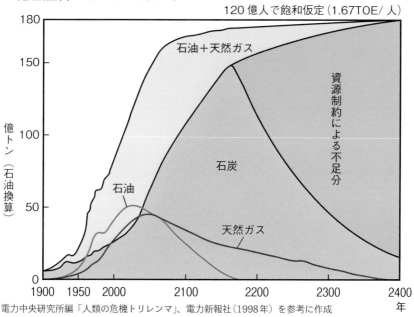

120億人で飽和仮定（1.67TOE/人）

電力中央研究所編「人類の危機トリレンマ」、電力新報社（1998年）を参考に作成

非在来型化石燃料とは   COLUMN

　存在が知られてはいるが、従来の技術では採掘できず新技術の開発が必要、あるいは在来型と比べるとコストが高く市場競争力がない、などの条件を満たしてしまう化石資源をいう。シェールガス、シェールオイルは実用化された。ほかにも、メタンハイドレート、タールサンド、コールベッドメタンなどがある。

核融合炉と水爆は違う   COLUMN

　水素の核融合って水爆の原理じゃないの？　危なくないの？　という疑問を持たれないだろうか。両者の違いを明確にしておこう。水爆は、確かに核融合反応を使っている。核融合反応である限り、それを起こすには1億度が必要だ。水爆の場合、その1億度の発生に、ウランかプルトニウムによる原子爆弾（原爆）の爆発を使う。原爆の爆発で水素を一気に一億度にあげて反応させる。構造でいうと、原爆の中心に重水素と三重水素、またはリチウムが置いてあるのが水爆なのだ。核融合炉では、第2章で説明した通り、ウランやプルトニウムの核分裂とはまったく関係なく、水素プラズマにビームや高周波を入射して、温度を1億度まであげる。レーザー式核融合炉の場合は、レーザーを使って1億度にする。原爆をつかう水爆とは核融合の点火のしくみが全く異なっているので、核融合炉が水爆のように爆発する可能性は、まったくないのである。

3-09

自然エネルギーと協調できる核融合炉
電力系統の安定性に必要なことは?

　日常、何気なく使っているコンセントからの電気であるが、その制御には見えない努力が行われている。電力会社は、ただ発電していればよいわけではないのだ。コンセントに来る交流電源の周波数（東日本では50Hz、西日本では60Hz）は、発電所の発電機の回転数で決まっている。発電している電力より多くの電気を需要側（電気を使う側）が使うと、発電機の回転速度は少し落ち、周波数が下がる。周波数は発電量と消費量が同じかどうかの指標だ。周波数が0.1Hz以上変わらないように、電力会社は発電量を制御している。しかし、大型の発電機はすぐには起動・停止できないため、計画的に調整し続けているのだ。

　もし、周波数変化が数Hzを超えるほど発電量と需要量がずれると、発電機に無理がかかり、停止せざるを得なくなる。一台が止まれば、その変動の影響で次が止まり、一気に大停電になってしまうのである。

　電力系統に大量の太陽光発電や風力が入ると、その発電量は大きくかつ急に変わるから、それを調整できないと大停電に至る可能性がある。それをすべてバッテリーで安定化するには大変なお金がかかることは第2章の冒頭で説明した。環境の視点では、自然エネルギーを有効に使うのが望ましいのは間違いないから、その出力変動に対応して電力系統の安定性にも寄与できる核融合炉なら協調ができるのではないだろうか。

　例として、核融合炉の排熱をうまく使った高効率水素製造を導入することが提案されている（右下図）。太陽光や風力の発電量が多い時には核融合炉の排熱と電力の一部を水素製造に充て、少ない時には水素製造は止めて全電力を系統に回す。発電量のバランスを水素製造の増減で対応するわけだ。このような核融合炉なら基盤電力の安定供給と同時に、自然エネルギーの導入も支援できる電源になれる。

▶需要電力と発電電力

需要電力と発電電力はいつも一致している必要がある。
それがずれると電源周波数が変動する。

> 需要（負荷）＞供給（発電量）⇒周波数低下
> 需要（負荷）＜供給（発電量）⇒周波数上昇

50Hz エリア内の例

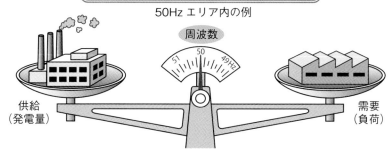

電源周波数（東日本は 50Hz、西日本は 60Hz）の誤差が ±0.1Hz
になるように、電力会社が終日調整し続けている。
数 Hz を超えて変動するような事態は大停電を招く。

▶系統送電量調整式核融合炉の例

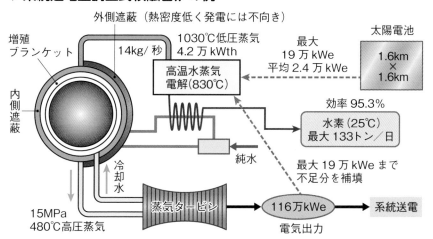

核融合炉の遮蔽廃熱と発電電力の一部を水素製造利用して高効率で水素を製造すると同時に、水素製
造量の調整により電力系統への送電量をすばやく調節でき、太陽光や風力発電による系統の不安定化
を防止するのに貢献できる系統送電量調整式核融合炉の例。岡野邦彦、朝岡善幸、日渡良爾、吉田智朗、
プラズマ核融合学会誌、Vol.77,（2001）pp.601-608による。

100頭のゾウと1匹のアリ

　アリが100匹いたとしよう。それが一か所に集中しているなら、小さなアリでも、一網打尽にするのはそれほどむずかしくなさそうだ。それでは、アリ1匹がゾウ100頭の中に紛れ込んでいたらどうだろう。このアリを探し出して駆除するのは、相当にむずかしそうである。福島第一原子力発電所の処理水では、そんなことが起きている。「三重水素（英語名はトリチウム）が処理水から除去できない」とよくニュースで聞くが、これは、あれほどの量の水から濃度の薄い三重水素だけを回収するのは、現実的な時間や規模では実施できないという意味だ。

　核融合炉の排気ガスは大部分が重水素と三重水素、それにヘリウム灰と若干の不純物、という構成で、核融合炉の運転中に、炉内設備でヘリウムや不純物は取り除き、重水素と三重水素は燃料として内部で循環することができる。

　核融合炉の開発において培われた三重水素の安全取扱技術や安全性に関わる知識は、福島第一原子力発電所の廃炉を迅速かつ安全に進める上でも重要なものとなっている。

第 **4** 章

核融合エネルギーと
ビジネスについて

4-01

核融合によりエネルギー産業はどう変わるのか？
エネルギー産業の過去と未来

　昔はエネルギーも水も、山から木を切ってきて薪にしたり、川で水を汲んだり、お金で買わずに自分で手に入れていた。現代社会では、エネルギーはお金で売買される。家庭で電気を使うと電力メーターが回り、量にしたがって料金を払う。電気そのものは眼には見えないが、水道と同様、使っただけお金を払っている。しかし、エネルギーは、水と同様、使ったら消えるのではなく、熱などに形を変えて流れ去るだけだ。

　では「エネルギー産業」とは何だろう？　エネルギーそのもの、ではなく、それを欲しいときに欲しいところに届ける「サービス」が、その正体だ。人類は、火をはじめ、エネルギーを使う生き物だ。最近の数百年、エネルギーを売り買いするようになっているが、人類は歴史を通じてずっと、エネルギーを運び、配り、後始末をする設備を努力して整備し、それにお金を払ってきた。水力発電所のダムに流れ込む水や、太陽光で電気を作っても、もととなる水や太陽の光はタダなのに、運んで、届けるエネルギー産業にお金を払っているのだ。加えて、その「後始末」にもお金を払っている。

　核融合が実現すると、少量の燃料を使い、処理が面倒なゴミなども出さずに大きなエネルギーを作り続けることができる。設備さえ作れば電気は作っても作らなくてもかかるお金は同じ、つまり電気自体の値段はあまり意味がない。だから、エネルギー産業の構造も変わるだろう。石油のような資源にではなく、みなにエネルギーが届く便利な社会の構築、機械や設備の設置や運転にお金を払うようになる。また、これまですでに人類が出してしまった二酸化炭素を回収し、環境を積極的に改善することもできるかもしれない。環境を悪くしないのではなく、よりよくすること。それも「核融合エネルギー産業」の仕事なのだ。

▶二酸化炭素許容放出量

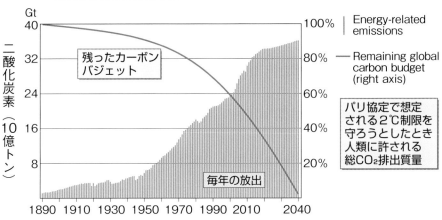

毎年の二酸化炭素放出量と残された許容量（カーボンバジェット）2015年IEA資料より。
人類が気候変動防止のために合意したCO_2排出合計量から放出量を引いた「残り」が図の青線である。
このままだと2040年ごろには残りゼロとなるので、この許容量を守るには、CO_2を出す化石燃料の利用をやめなければならないことになる。（出典：IEA,world energy outlook）

▶電力価格の変化の例

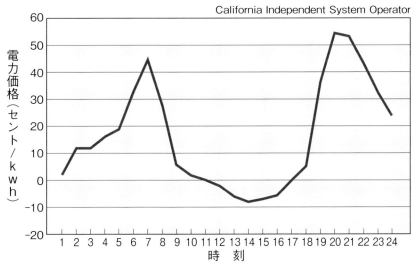

カリフォルニアの一日の電力価格の変化。太陽光発電の普及により、昼間は電力が余り、価格がマイナスになることがある。（出典：California Independent System Operator）

4-02

核融合にビジネスチャンスはあるのか？
「スタートアップ」という
新しい仕事のかたち

　「今、カッコイイ仕事って何？」と若者に聞くと、IT企業やバイオベンチャーの起業家という回答が出てくる。最初は一人とか数人から始める「スタートアップ企業」。それまでにないものを新しい技術で大胆に挑戦し作り出す企業で、すぐに消えてしまうことも多いが、大企業に発展することもあり、時に人々の暮らしを大きく変えることもある。

　核融合でも、そんなスタートアップ企業が世界中でできている。エネルギーは生活になくてはならないものだが、このまま石炭や石油を燃やし続けることは環境の視点からできない。だからCO_2を出さない新しいエネルギー技術には大きなビジネスチャンスがある。より新しい技術による核融合への大胆な挑戦に、国家予算の投入だけでなく、合計数千億円もの民間資金が投資されて新しい企業の急成長が始まっている。

　「投資」とは、人々が蓄えたお金を、将来的に価値が上がり重要になると思う企業や産業のために使うことだ。失敗すれば投資金は戻ってこないが、成功すれば何倍にもなるかもしれない。個々の企業では当たり外れがあっても、社会全体は、そういう投資によって大きく豊かになってきた。新しい技術は、人々が努力して、お金をかけて、試行錯誤して改良することでできあがる。冒険のような先進的な技術への挑戦は、スタートアップ企業が重要な役割を果たしている。たとえば、京都大学発の核融合スタートアップ企業では、日本のモノづくり技術で世界の核融合装置に技術を提供しようと挑戦している。エネルギー問題は、化石燃料資源が尽きることではなく、二酸化炭素排出の制約によってそれらが使えなくなることである。二酸化炭素を出さないエネルギーに対する投資による核融合スタートアップは、企業設立と新しい技術を生む力そのものがビジネスチャンスなのだ。

▶世界で設立された核融合ベンチャー企業

社名	国	調達額 （USドル）	主な出資者
コモンウェルス ・フュージョン・システムズ	アメリカ	1億1400万	エニ（イタリア）
CTフュージョン	アメリカ	300万	米国エネルギー省（アメリカ）
ファースト・ライト ・フュージョン	イギリス	4000万	IPグループ（イギリス）
ゼネラル・フュージョン	カナダ	3億	ベゾス・エクスペディションズ （アメリカ）
ヘリオン・エナジー	アメリカ	4500万	ミスリル（アメリカ）
スカンクワークス	アメリカ	非公開	ロッキード・マーチン（アメリカ）
ルネサンス・フュージョン	スペイン	非公開	非公開
TAEテクノロジーズ	アメリカ	7億	グーグル（アメリカ）
トカマク・エナジー	イギリス	1億5000万	リガール＆ジェネラル（アメリカ）
Zapエナジー	アメリカ	1400万	米国エネルギー省（アメリカ）
京都フュージョニアリング	日本	300万	京都大学イノベーション キャピタル（日本）

大きいベンチャー企業では数百億円の資金で独創的概念に挑戦し、早期実現を目指している。

▶株式会社とイノベーション

発明は、国などの資金で研究者が行っても、それを実際に使う社会に普及させるときには「会社」というしくみを使う。斬新な技術は失敗することも多いが、少人数で社会から資金を集めて開発を進め、成功すると人々の暮らしを変えるまでになる。新一万円札の顔となる渋沢栄一は、明治維新後、日本でたくさんの会社を設立して近代化に貢献した人物である。財務省ホームページのイメージより作成。

4-03

産業への応用例
核融合から生まれた新技術

　ITERの超伝導コイル（p.64の写真）は、高さ16.5メートル、重さ310トンであるが、その製作は、寸法誤差を1万分の1に抑え、－269℃に繰り返し冷やしても性能を維持し、万が一の事故にも耐え得るなど、これまでに経験のない厳しいものであった。このように核融合装置の製作では、技術者が試行錯誤しつつ、ロボットなどの最先端の技術も用いて、ものづくりに取り組んでおり、こうして培った技術は、医療、環境関連産業や各製造業などの産業基盤として、以下のような様々な分野で応用されている。

　高磁場を発生できる超伝導線材の量産化やコイル製作の技術は、医療機器である磁気共鳴画像診断装置（MRI）の高性能化や粒子線がん治療装置の開発に応用されている。今後、MRIの性能向上やがん治療装置の小型化を通し、難病の早期発見や先進治療の普及への寄与に加え、経済性の高い電力貯蔵システムへの応用も期待されている。

　100万ボルトの高電圧を絶縁する技術や、大電流を5千分の1秒の高速で制御する技術は、高電圧電源スイッチ（遮断機）に応用されている。今後、送電時の電力損失を抑える100万ボルト級の高電圧直流送電や、加速性能と省エネを両立した電車などへの応用が期待されている。

　核融合の燃料である三重水素を増殖するためのリチウムを海水から回収する技術を開発中だが、これは核融合用だけでなく、需要の急増が予測される電池用リチウムの供給手段として期待されている。

　プラズマの加熱のために開発した大出力で均一なイオンビーム（p.74）を生成する技術は、イオンビーム加工機や液晶パネル製作のイオン注入装置に応用されている。今後、太陽電池の発電効率の向上や、薄膜生成技術への応用による集積回路の高速化も期待できる。

JT-60SA用真空容器の製作で用いた
ロボットを使った高精度加工技術の
例。2台の溶接機を持つロボットを
駆使し、溶接による変形を抑制する。
（写真提供：東芝エネルギーシステムズ株式
会社）

100万ボルトの高電圧を絶縁す
る技術を駆使した超高電圧用絶
縁変圧器。
（写真提供：量子科学技術研究開発機構）

コンピュータに用いられるハード
ディスクの微細加工などに活用さ
れたイオンビーム加工機。
（写真提供：ワイエイシイビーム株式会社）

4-04

民間企業による研究
世界では核融合ビジネスが始まっている

　核融合研究、特に実験は比較的大掛かりなものが多く、資金や人材が豊富な公的研究機関や大学施設などによる研究が大半を占める。ただ近年では、独自路線で核融合炉開発を目指す民間企業や核融合関連ビジネスが欧米を中心に増えてきている。その一例として筆頭に挙げられるのが米国加州に拠点を置くTAE Technologies, Inc. で、Norman Rostoker教授（カリフォルニア大学アーバイン校）らが1998年に出資・設立したスタートアップ企業である。これまで一度も公的資金に頼らず運営され、総額6億ドルを超える資金を個人投資家・企業グループらにより出資されている実績がある。ゴールを念頭においた企業理念や研究ペース、そして驚異的な実験装置開発サイクルは目を見張るものがあり、民間企業ならではのフットワークとスピードで革新的成果を次々に打ち立て、そこがまた投資家達を魅了する一因ともなっている。

　TAE社における核融合研究は、磁場閉じ込め方式の一つである磁場反転配位（FRC）プラズマに中性粒子ビームを入射し、高エネルギー・高速イオンによりプラズマ加熱と電流・配位維持がなされている（右下写真参照）。核融合研究の主流であるトカマクやヘリカル型とは異なり、FRCは極限的に高いベータ値（プラズマ圧と外部磁気圧の比 $\beta \sim 1$）を有することから炉が小型化できる。また、中性子発生が少ない先進燃料を用いたり、直接エネルギー変換を用いた炉設計を目指すなど、いくつもの特長が挙げられる。独自路線でより魅力的な先進核融合炉を早急に開発すべく、TAE社は他企業・研究施設とも協力・提携して研究を進めている。例えばプラズマ性能の向上などを狙い、Google社と協力しAI技術を駆使して実験が遂行されている。次期装置開発の計画も並行しており、研究の更なる進展も期待される。

TAE社で現在稼働中のFRC実験装置C-2Wの全体図。全長約30m。建設期間僅か1年で運転開始。
（写真提供：TAE Technologies, Inc.）

FRC実験装置C-2Wのプラズマ：FRCプラズマ（閉じた磁力線内部）へ中性粒子ビームが入射された実験。（写真提供：TAE Technologies, Inc.）

4-05

核融合技術の産業展開
人類未踏技術への挑戦

　核融合研究は、自己点火条件を目指した炉心プラズマの達成と、それを実現させるための極限技術を有する核融合装置開発が両輪である。特に産業界ではプラズマ実験装置の設計・製造を通して重厚長大分野の技術開発を発展させてきた。

　一方、今までにない技術開発は、本来の目的達成と共に、様々な関連分野への波及効果をもたらす。例えばp.120で紹介したように、ITER/JT-60SAやLHDのために開発された超伝導コイル技術は医療用のMRI装置で、またプラズマ加熱用の高品質ビーム技術は半導体分野で活用されてきた。さらに真空容器のような大型で高精度を要求される機器の製造では電子ビーム溶接技術の格段の進歩を促すなど、製造基盤技術の底上げにも大いに貢献してきた。昨今の人工知能技術や三次元プリンター技術などは核融合分野にも積極的に取り入れられるだろうし、高度な技術の集合体である核融合炉は、このような最先端技術を導入・展開する場としても活用されるだろう。人類未踏の技術へのチャレンジは、若い優秀な技術者や高度な熟練工の育成にも大いに貢献している。

　核融合はエネルギー資源というより、エネルギー技術として捉えることができるので、我が国が核融合エネルギー技術を保有することは、エネルギー技術輸出国としての意義やエネルギー安全保障という視点からも大変重要である。したがって、令和2年1月に政府の統合イノベーション戦略推進会議が決定した革新的環境イノベーション戦略の39項目の一つとして「核融合エネルギー技術の実現」が取り上げられている。さらに核融合エネルギー開発は地球規模での持続可能な社会の発展を目指したSDGs（Sustainable Development Goals）への貢献としても意義深い。

▶核融合開発の SDGs への貢献

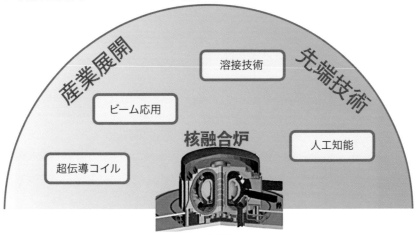

核融合炉開発は、様々な分野への産業応用や先端技術の導入・展開の場として活用されている。さらに持続可能な社会の発展を目指したSDGsへも貢献している。特に、「７．エネルギーをみんなに、そしてクリーンに」や「１３．気候変動に具体的な対策を」への直接的な貢献と共に、「８．働きがいも経済成長も」、「９．産業と技術革新の基盤をつくろう」、「１７．パートナーシップで目標を達成しよう」などにも関与・貢献しているといえよう。

映画やテレビアニメの中の核融合

20XX年

　核融合はしばしば映画やテレビアニメの中でも登場する。有名なところを紹介してみよう。一番知られているのは、機動戦士ガンダム（特に宇宙世紀シリーズ）に出てくるモビルスーツなどの動力源が、超小型化に成功した核融合炉であることではなかろうか。

　アーサー・C・クラークの原作をスタンリー・キューブリック監督が映画化した「2001年宇宙の旅」で木星に向かう宇宙船ディスカバリー号は、本書の第6章でも解説する磁場方式核融合推進で、映画中で描かれた姿も非常にそれらしく見える。ただし、リアリティを重んじるクラークは、原作では、実際には必須となる翼のような大きな熱放射パネルを設定したが、映画では、キューブリックが見栄えの視点から放熱板を取り除いたという裏話もある。技術的には、もちろんクラークが正しい。

　日本の映画では、ゴジラ2000ミレニアムがある。「日本が世界に先駆けて開発したプラズマエネルギー」の発電所が、渋谷の地下に建設される。これは核融合炉のことだろう。とても安全なので大都市近郊どころか大都市地下立地とは、楽しい設定だ。スパイダーマン2では、例によって「博士」が、出力1000MW（百万キロワット）のレーザー方式核融合炉を、街中の建物にある研究室で作ろうと試みる。超強力レーザーが実現して、いつかこんなに小さくなる日が来るだろうか。「炉心は小型化できても、中性子遮蔽とブランケットはなくせない」とかいう、まじめな批判は、なしとしておきたい。

　2070年という近未来を舞台とする「プラネテス」では、核融合エンジン「タンデム・ミラー」を搭載した木星往還船がストーリーの軸となっている。果たして現実はSFに追いつくことができるだろうか？

第 5 章

教育現場で核融合の
理解を深める

● ● ● ● ● ●

エネルギー問題をどう学ぶべきか、教育面から考える
理科(物理・化学)と社会(歴史・経済・倫理)の調和と共創

　小学校から中学校の理科の教科書では、「エネルギー」を燃焼エネルギーのような化学的な捉え方と、運動エネルギーのような物理的な捉え方とで扱っている。化学的視点では固体・液体・気体という物質の3状態やイオン・電子、さらに化学反応やその反応熱について学ぶ。一方、物理的視点では、位置エネルギーや運動エネルギーなどのエネルギーの概念、質量やエネルギー保存の法則などについて学ぶ。

　人類は、紀元前から木材をエネルギー源として利用し、産業革命により石炭や石油が新たなエネルギー源として活用されだした。これらはすべて、モノを燃やすことによりエネルギーが発生しており、これは化学反応およびそれに伴う反応熱で説明できた。

　一方、太陽は約40億年以上にわたり輝き続けており、今後も数十億年は輝き続けるだろうといわれている。仮に太陽が石油の塊で、その化学反応でエネルギーを放出しているとすると、約6000年で燃え尽きてしまう。これでは太陽の寿命を説明できない。p.30で紹介したように、化学反応とは原子を構成している電子を原子同士でやり取りする反応である。それに対して20世紀の科学者は、原子の中心にある原子核同士の反応を実験的に発見した。原子核が関与する反応なので、これを原子核反応という。しかも原子核反応では、化学反応より100万倍以上のエネルギーを発生する。この膨大なエネルギーは物質が少し軽くなることに由来するのだということが、アインシュタインにより提唱された。質量がエネルギーに変換されるという、「質量保存の法則」が成り立たない全く新しい概念だった。具体的には、原子核反応で生まれた粒子が、とてつもない高速度で飛び出す。つまり、消えた質量が粒子の運動エネルギーになったのである。

▶化学反応と原子核反応の違い

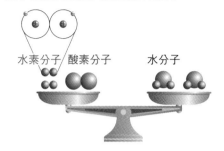

化学反応
$2H_2 + O_2 ---> 2H_2O$

原子核反応
$4p ---> He + 2e^+$

水素が燃えて（酸素と結合して）水 H_2O が生成される化学反応では、反応前と後では、総質量は変化せず、質量保存の法則が成り立つ。しかも水素原子と酸素原子の結びつき方が変わっただけで、新しい原子は生まれない。

太陽では水素の原子核（陽子p）4つが合体（融合）してヘリウム原子核 He と2個の陽電子 e^+ が発生する。このような原子核（または核融合）反応では、反応後の総質量が反応前に比べて軽くなり、質量保存の法則が成り立たない。しかも水素からヘリウムという新しい元素ができる。まさに錬金術である。

単位について　　　　　　　　　COLUMN

　理科の教科書にでてくる数字は、どれも必ず単位が付いている。長さが100と言われても、100 mなのか100 mmなのかによって、全く違ってしまう。エネルギーを議論するときも単位をきちんと理解する必要がある。

　エネルギーを表す単位としてカロリー（cal）とジュール（J）がある。因みに、1cal は4.2Jである。食品表示ではカロリーを使うことが多いが、エネルギー資源などを議論するときはジュールを使うことの方が多い。一方、電気エネルギーを議論するときワット（W）という単位を使う。これは、1秒間に使うエネルギー（J）量であるので、ワット（W）＝ジュール（J）/秒（s）である。ちょうど、一秒間に進む距離を速度（m/s）と定義しているのと同等である。因みに、家庭の電気料金表には kWh という単位で電気の使用量が明記されている。これは例えば1.5kW（=1500W）のヒータを2時間使った時のエネルギーは1.5kw × 2h＝3kWh である、と計算した量である。したがって、1kWh とは、1000W × 3600秒＝3.6MJ となる（Mはメガで100万倍の意味）。kWh の方がジュール数よりも便利なので、電気代の計算などに使われている。

　エネルギーは、理科（物理や化学）だけではなく、社会の教科書にも頻繁に出てくる。特に歴史や経済と密接に関係しており、時には倫理観も問われる。石油・石炭・天然ガスなどの化石燃料をめぐって、人類は戦争を引き起こしたこともあるように、日本をはじめとしてエネルギー資源の確保は各国の安全保障上、大変重要な課題である。また産業革命以降のエネルギーの大量消費に伴い、環境問題への関心も高い。エネルギーは、経済活動を維持・発展させるための潤滑油であるともいえる。エネルギー（Energy）、環境（Environment）、経済（Economy）は相互に密接に関連しており、時として相反する制約を課すので、この３つの英語の頭文字をとって「３Ｅのトリレンマ」といわれている。

　エネルギー問題は、地域や国により利害が競合する場合が多く、国民一人一人も少しずつ違う意見を持っている場合が多い。この３Ｅのトリレンマのように、エネルギー問題は社会道徳や倫理観も含めて格好のディベート（討論）の対象といえるだろう。ただし、エネルギーに関するディベートを行うにあたり、以下の点に留意する必要がある。

・エネルギー資源量などをできるだけ定量的に評価し比較する。
・どのくらい先の将来に対するエネルギー問題を議論するのか時間軸を明確にする。
・地域や国内なのか地球規模なのか、議論する対象領域を明確にする。

　例えば、日本のエネルギー資源の選択を考える時も、定量的に議論しないと、単なる好き嫌いの議論になりやすい。時間軸も、５年後か30年後か、50年以上の未来かでエネルギーの選択肢が変わってくる。しかもそれは、若者と年配の人では将来の時間軸の捉え方が違うので、世代間論争を生む可能性もある。さらに、日本国内の問題として捉えるのか地球規模かによっても議論の視点が変わってくる。エネルギー問題では、これらの点を踏まえながらディベートする必要がある。いずれにしろ、エネルギー問題は、国民的な議論が必要な課題であり、最終的には政治問題にもなる。

▶ エネルギーと環境と経済の関係

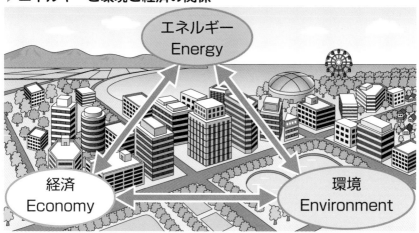

下図は、一人当たりのGDP（国民総生産）と一人当たりのエネルギー消費の関係を示す。このように、エネルギー消費と経済は明確に関連があり、GDPが増えればエネルギー消費も増える。この関係から脱却するのは容易ではない。エネルギーを使い、豊かに暮らしつつもCO_2排出を下げるには、CO_2排出が微少なエネルギー技術を実現すること以外にないだろう。
「エネルギー白書2016」（資源エネルギー庁）による。

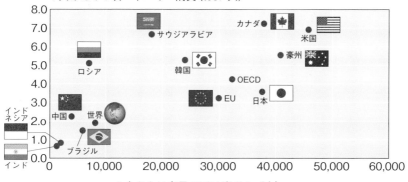

1人あたり1次エネルギー消費（toe/ 人）

1人あたり名目GDP（米ドル／人）

3E のトリレンマ　　　　　　　　COLUMN

　エネルギー問題は、地球の温暖化などの環境問題や、経済の持続的な成長とも密接な関係にあり、これら3つの項目を共に満足することは、必ずしも容易ではない。そこでEnergy、Environment、Economyの頭文字をとって3Eのトリレンマと呼ぶ。また最近は、「安全性：Safety」も加えて、3E+Sとして取り上げることもある。

小・中・高生に核融合を教えるために必要なこと
30年先の研究者・技術者を目指して

　建設中の核融合実験炉ITERおよびそれに続く核融合原型炉の開発を着々と進めることにより、核融合エネルギーが今世紀中頃には人類の恒久的エネルギー源として大きく貢献することを期待する。したがって、核融合エネルギーの恩恵を受けるのは、現在の小中高生たちであると同時に、核融合炉の実現を目指した研究者・技術者として、ゴールのテープを切るのも若者たちであるといってもよい。

　ところで核融合エネルギーは、資源量的には人類恒久のエネルギー源となりうるが、他のエネルギー源と比較して、どのような特徴があるのかを正しく理解しておくことが重要である。エネルギー源を選択する時に問題となるのは資源量だけではなく、例えば石油・石炭などの化石燃料は二酸化炭素排出による地球環境問題が、原子力発電では高レベル放射性廃棄物の問題などがある。そこでエネルギー源として何を比較すべきなのか、また人々がそれをどう評価しているのだろうかを考えておく必要がある。その一例を図に示した。ここでは、エネルギー源の評価項目として、①資源（総量と偏在）、②環境負荷（CO_2や放射性廃棄物）、③コスト（電気代や建設費）、④安定供給（出力と政治的要因）、⑤安心（潜在的なリスクや軍事懸念）の5項目を取り上げた。それぞれの項目に対して、各種のエネルギー源を評価してみたものだ。この評価値は個人差がある点に留意しなければならないが、このように図式化することにより、それぞれのエネルギー源を総合的に比較しやすくなったといえる。

　小中高生の皆さんは自分でこの評価を行ってみてほしい。その結果、核融合に対して人類恒久のエネルギー源として開発する意義と魅力を感じたら、ぜひとも崇高な目的意識と強い責任感をもって核融合エネルギー分野の研究者・技術者を目指してほしい。

▶各種エネルギーの特徴

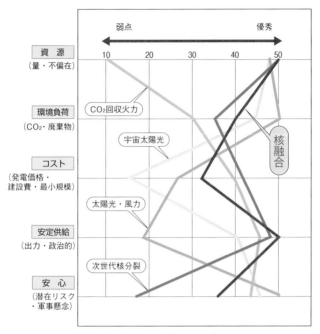

核融合は、単独一位になる評価項目がない一方で下位になる評価項目もない、というバランスの良さが特徴である。現実に導入可能なものは、このような評価項目のバランスに配慮して判断されるべきであり、エネルギー源は、なにか一つの視点だけで評価すると正しく評価できない恐れが高い。https://www.nifs.ac.jp/itc/itc12/Okano.pdf　に基づき著者が作成。

評価に用いられた先進エネルギーの概要　COLUMN

CO_2回収火力：石炭火力などの排気ガスから二酸化炭素を分離・回収し、地中や海に永久保管する技術を起用した次世代火力発電のことで、火力発電からのCO_2排出量を減らす将来技術として期待されている。回収にはそれなりのコストがかかる。採掘が終わった油田・ガス田などに圧入することも考えているが、それらの資源がない日本には、CO_2の保存場所もないことになる。

次世代核分裂：安全性などを現在のものより改善した核分裂による原子力発電技術の総称である。核分裂炉なので、燃料はウランやプルトニウムである。核分裂物質のトリウムを燃料とする案もある。

宇宙太陽光：地球の赤道上空、約36,000kmの位置にある、いわゆる静止軌道（この上の人工衛星は地球の自転と同周期で回るので地上から静止してみえる）に、直径数kmの太陽電池衛星を打ち上げ、その電力を地上に強力な電波で送る、というアイデアで、主に日本で基礎研究が進む。年2回の蝕（地球の影に入る）の時間帯以外、昼夜なく発電できる。

太陽・宇宙・プラズマ・核融合
核融合を学ぶことは宇宙を学ぶこと

　太陽を観測すると、様々な物理現象がわかってくる。例えば、太陽での核融合反応ではニュートリノも発生している。またニュートリノは宇宙線により大気中でも発生している。A.B.マクドナルド氏と梶田隆章氏は、これらニュートリノを精密に観測することによりニュートリノが質量を持っていることを突き止め、2015年にノーベル賞を受賞した。太陽表面では太陽フレアとよばれるプラズマのダイナミックな運動が日本の科学衛星「ようこう」や「ひので」により観測されている。大きな太陽フレアが発生すると、磁気嵐として地球にも電波障害などが生じるので、最近は宇宙天気予報でフレア発生予測をしている。太陽フレアでは1000万度以上の高温プラズマが観測される。その物理機構として、太陽フレアを形成している磁力線の繋ぎ変え（磁気リコネクション現象）が関係している。この磁気リコネクションは核融合炉心プラズマでも観測されており、学術的に共通する研究課題である。

　ところで、核融合も核分裂も起こさない最も安定な元素は原子番号26番の鉄である。鉄より軽い元素は太陽や恒星での核融合反応で生成されてきた。一方、金やウランのように鉄より重い元素はどのようにして生成されたのか？ その一つが超新星爆発である。宇宙では時々、超巨大化した恒星が重力崩壊を起こし、その中心部で非常に短時間に多くの陽子や中性子が融合して鉄より重い元素が生成される（p.45コラム参照）。もう一つが中性子星の合体である。2017年に観測された重力波は中性子星の合体を捉えたものであり、この合体を世界中の数十か所の天文台も同時に観測した。その結果、金などの重い元素が中性子星の合体時に大量に生成されていることが確認された。宇宙ではまさに、多様な反応により様々な元素が生成されている。

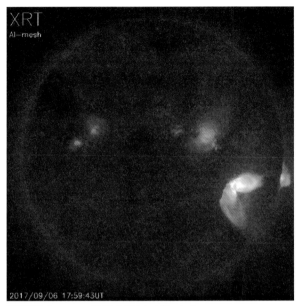

科学衛星「ひので」が捉えた巨大な太陽フレア。
（写真：国立天文台／JAXA／MSU）

重力波観測でとらえられた中性子星の合体。
https://www.ligo.caltech.edu/image/ligo20171016c　Karan Jani/Georgia Tech

5-04

先進燃料を使う革新的な核融合炉を目指して
核融合研究に取り組む大学

　ITERやJT-60/LHDなどの大型装置は大規模な研究機関・研究所が中心となって推進しているが、その学術的基礎研究やより魅力的なイノベーション研究は大学が担っている。また、大学での研究で中心的な役割を果たしている大学院生や若手研究者が、大型装置での国際プロジェクトをけん引する人材として巣立っていっている。

　この地上で核融合炉を実現させるための条件を最も達成しやすいのが、ITERで目指している重水素と三重水素を燃料とした場合であるが、このほかに重水素同士や重水素とヘリウム3（陽子2つと中性子1つのヘリウムの同位体で、月の表面にたくさんある）の核融合反応などがある。これらの反応では放射性物質である三重水素を使わないという利点があるが、5～10億度以上の高温プラズマが必要になるなど、核融合炉を実現するための条件が一段と厳しくなる。このような先進燃料を使う核融合炉に必要な高温プラズマを磁場で閉じ込める時のキーワードが「超高ベータプラズマ」である。

　トカマクやヘリカルでは達成が難しい超高ベータプラズマを生成・制御する革新的アイデアに基づいた研究が大学で進められている。例えば、ドーナツ状のトカマクの中心部分を非常に狭くしてリンゴのような形の球状トカマクや、p.122でも出てきたポロイダル磁場だけの磁場反転配位FRC、さらには地球磁気圏と同じダイポール磁場など斬新なアイデアが試されている。

▶様々な核融合反応

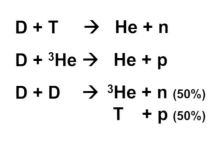

$$D + T \rightarrow He + n$$

$$D + {}^3He \rightarrow He + p$$

$$D + D \rightarrow {}^3He + n \text{ (50\%)}$$
$$T + p \text{ (50\%)}$$

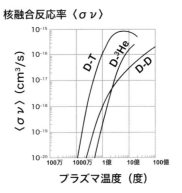

核融合反応率〈συ〉

D-T核融合では1億度以上で良いが、先進燃料とされるD-^{3}Heでは5億度以上、D-Dでは10億度以上の高温プラズマが必要となる。

超高ベータプラズマ COLUMN

　p.65のコラムで紹介したように磁場には磁気圧と呼ばれる圧力がある。またプラズマも粒子の量（密度）と温度の積で与えられる圧力を持っている。プラズマ圧力の、磁気圧に対する比（プラズマ圧力／磁気圧）をベータ値と呼ぶ。トカマクやヘリカルのベータ値は0.01～0.1程度である。つまり数十倍の磁気圧でプラズマを支えている。一方、先進核融合燃料を使う場合は、プラズマ圧力が5～10倍になるので、ベータ値を～0.5位まで大きくしなければならない。これを超高ベータプラズマと呼ぶ。

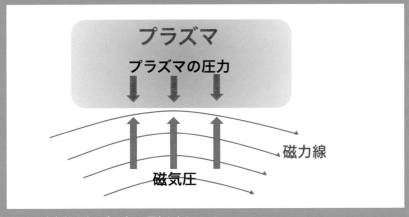

磁場の圧力（磁気圧）でプラズマの圧力を支えている。

5-05

研究の最前線を走る施設を見学してみよう
核融合研究に取り組む研究機関

　核融合エネルギーは、その研究開発の初期の時代から国際的な研究成果の共有と国際競争・国際協力で推進されてきた。現在では、まさにその象徴として、日・欧・米・露・中・韓・印の世界7極による国際プロジェクトITER計画が推進されている。ITER計画は、どこかの国が主導するというのではなく、ユネスコのような国際機関であるITER機構が設置され、世界7極の研究者が対等な立場で参加しており、まさに新たなスタイルによる国際科学プロジェクトである。

　このITER計画を支えるために、各国では国内プロジェクトも並行して進めている。日本では、ITERで核融合炉心プラズマを実現させると共に、ITERの次に続く本格的な核融合発電を行う核融合原型炉の開発を、産・学・官が一体となって進めている。その中核を担っているのが、量子科学技術研究開発機構（量研）の六ケ所核融合研究所（青森県）と那珂核融合研究所（茨城県）である。六ケ所の研究所は原型炉の設計・開発の司令塔であると共に、材料開発用の加速器型中性子発生装置のための加速器部IFMIF/EVEDAを建設している（p.94のコラム参照）。那珂の研究所では、ITERの支援および原型炉の高性能プラズマを目指したJT-60SA装置が新たに建設され、2020年末には運転を開始する。

　同じトーラス装置ではあるが、定常運転が可能なヘリカル装置の研究でも日本は世界の最前線に立っている。岐阜県土岐市にある核融合科学研究所のLHDでは1億度を超える高温プラズマの実現に成功しており、トカマクとの相補的な研究で注目されている。また大阪大学レーザー科学研究所では高速点火方式（p.92参照）によるFIREX-1計画を推進している。そのために、チャープパルス増幅法（p.91参照）を利用した世界最高出力のペタワットレーザー LFEXが開発された。

▶国際プロジェクト：ITER計画

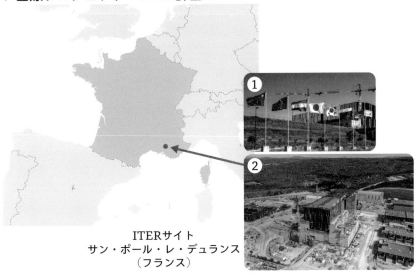

ITERサイト
サン・ポール・レ・デュランス
（フランス）

▶日本の研究機関

写真提供：
①②ITER機構
③大阪大学 レーザー科学研究所
④核融合科学研究所
⑤⑥量子科学技術研究開発機構

量子科学技術研究開発機構
六ケ所核融合研究所

量子科学技術研究開発機構
那珂核融合研究所

自然科学研究機構
核融合科学研究所

大阪大学レーザー科学研究所

日・米・露・中・韓・印の6か国とEUの合計7極が南フランスに集結してITER計画を推進している。日本でも青森県・茨城県・岐阜県・大阪府に核融合の最前線施設がある。

5-06

核融合炉の成立条件と閉じ込め時間を知る
核融合の知識を深めるための
公式・計算式

　太陽が燃え続けられるのは、太陽表面から放出されるパワーが、太陽中心での核融合反応で発生するパワーと釣り合っているからである。地上の核融合炉でも、これと同じ状態が求められ、そのための条件を「自己点火条件」という。またはローソン条件と呼ぶこともある。自己点火条件は以下のような式で与えられる。

$$n \times \tau > \frac{12kT}{<\sigma v> Q_\alpha}$$

　ここで、Tはプラズマの温度、nはプラズマの粒子数（密度）である。また、τとは太陽や核融合炉の中心の熱が表面に伝わる時間であり、核融合分野では「閉じ込め時間」と呼んでいる。$<\sigma v>$は核融合反応率（P.137の図参照）で、1000万度以上でないとほとんど核融合反応は起こらない。Q_αは核融合反応で発生するアルファ粒子のエネルギーであり、kはボルツマン定数（1.38×10^{-23} J/K）である。

　この式の左辺は密度と閉じ込め時間の積である。一方、右辺は温度を与えると決まる値であるので、横軸に温度を、縦軸に$n \times \tau$をプロットしたのが、自己点火条件である。自己点火条件はこの図の右上の領域にあり、ITERではまさにこの自己点火条件を満たすプラズマを目指している。また1970年代から核融合研究は着実に進歩しているのがよくわかる。

▶核融合炉の成立条件を知ろう

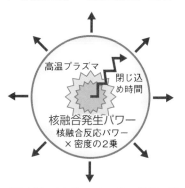

核融合炉の中心部のエネルギー（温度×密度）が表面に逃げてゆくのを、核融合反応で発生するパワーで補っている。

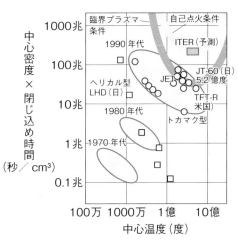

核融合炉の成立条件（自己点火条件と呼ぶ）は、プラズマの"温度"と"密度×閉じ込め時間"で与えられる。ITERでは、その条件を満たすプラズマが達成できると期待されている。

閉じ込め時間   C◉LUMN

　プラズマの温度と密度は直感的に理解しやすいが、「閉じ込め時間」はどのようにしたらわかるのだろうか？ プラズマ中心をパワーPで加熱し続けると、温度（プラズマエネルギー Wp）が時間と共に増えてゆくが、プラズマ表面に熱が逃げるのに伴い、温度はある一定値に落ち着く。この熱が逃げる時間（これが閉じ込め時間、τ）が短ければ、到達温度は低く、閉じ込め時間が長ければ高くなる。閉じ込め時間はプラズマエネルギー÷加熱パワー、つまりτ =Wp/P で与えられる。

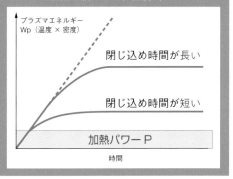

最先端の装置の見学や、面白い科学工作を体験してみよう
核融合を学ぶ・体験する施設

　全国の核融合研究はどこもオープンなので、最先端の研究施設を見学できる。特に研究所の一般公開では、超巨大な核融合実験装置が間近に見られるので、ぜひとも足を運んでみよう。また見学だけではなく、簡単な実験キットで遊んだり、バーチャルリアリティなどを体験することもできる。なお大学の研究室もオープンキャンパスなどで見学できる。

　さらに全国の科学館などでも核融合研究の展示がたくさん置いてあるし、時には研究者の人による講演やデモンストレーションが行われている。例えば、毎年5月の連休中に東京お台場の日本科学未来館で開催される核融合研のFusionフェスタでは、多くの小学生が簡単なプラズマ実験などをして楽しんでいる。因みに、お台場に機動戦士ガンダムの大きなモニュメントが設置されていたのを見たことがあったが、ガンダムのエネルギー源は核融合である。

　高校生くらいになると、より深く核融合を知りたい、将来は核融合の研究者になりたい、と考えている人も大勢いるだろう。研究機関や大学では、そのために出前授業を行ったり、高校生たちを受け入れて核融合研究を実体験してもらったりしている。例えば、プラズマ・核融合学会では、高校生シンポジウムを毎年秋に開催している。高校生たちが研究所や大学での実習で行った研究成果を、この高校生シンポジウムで発表する。優秀な発表には学会賞などが授与され、学会誌に研究成果が掲載される。時には、研究者顔負けの素晴らしい研究成果もある。

　さらに大学生・大学院生になると、ITER機構での海外インターンシップの可能性もある。ITERでは核融合研究に直接関与する技術系の学生のみならず、機器調達や広報活動などの文系のインターンシップも受け入れている。

量子科学技術研究開発機構や核融合科学研究所では毎年定期的に施設見学会・オープンキャンパスを開催している。当日はJT-60SAやLHDなどの世界最先端施設が見学できると共に、核融合に関する面白い講演などもある。

施設見学会やオープンキャンパスでは、プラズマや核融合に関する科学実験のデモンストレーション、さらには科学工作なども体験できる。（写真提供：核融合科学研究所）

研究機関や大学などの、核融合が学べるホームページ　COLUMN

　研究機関や大学などでは、核融合に関してわかりやすく紹介しているホームページ（以下HP）を開設している。いくつか簡単に紹介しよう。

　まずは核融合を日本の重要な政策として推進している文部科学省が大変立派なHPを提供している。このHPはQRコードからもアクセスできるので、大変便利である。またHPのタイトルが、「Fusion Energy：Connect to the Future」と英語という点も斬新である。①核融合エネルギーとは、②核融合プロジェクトを支える人、③研究所を訪問する、④核融合を学ぶ、⑤核融合エネルギーを実現する、⑥核融合に親しむ、という6種類のコンテンツで構成されており、まさに核融合初心者の人や小中高生を対象とした内容から、将来核融合の研究者・技術者を目指したいと思っている高校生や大学生、さらには核融合分野で研究を開始した大学院生のキャリアパスなど、様々な人達に対する情報が満載である。因みに、核融合研究を行っている大学のリストも掲載されているので、核融合の研究者・技術者を目指している若者はぜひともアクセスしてみてほしい。それぞれの大学のHPにも多種多様な研究分野とわかりやすい解説が掲載されている。

　ITERに関する情報は、ITER機構のHPのドローン動画などで、今まさに建設中の様子を知ることができる。ただし英語のHPであるので、日本語ならば量子科学技術研究開発機構（量研機構）が整備したHPが良いだろう。ここでもITERのビデオライブラリーにアクセスできるし、"よみものダウンロード"に掲載されている漫画「地上につくる小さな太陽ITER（イーター）」は秀逸である。出会い編、インターンシップ編、ものづくり・出港編の3部作からなり、しかも日本語版、英語版、フランス語版、プロバンス語版で読める！またITERのペーパークラフトも用意されているので、ぜひともITERを手作りして核融合炉の全容を理解してほしい。

文部科学省HPの
QRコード

　国内の研究に関しては、量研機構・核融合科学研究所（核融合研）・大阪大学レーザー科学研究所などで色々なコンテンツが紹介されている。量研機構のHPには、JT-60SAやIFMIF/EVEDA加速器、さらには原型炉設計の最新情報が掲載されていると同時に、「わくわく核融合ひろば・地上に太陽を」には漫画「近未来エネルギー物語」が、また「なかはかせの新・核融合入門」には核融合についてのわかりやすい解説が掲載されている。また核融合研の「核融合へのとびら」もわかりやすい。さらに核融合研究開発を支える（一社）プラズマ・核融合学会では、「プラズマって何？」と題したプラズマについてわかりやすく解説した一般・小中学生用パンフレットを提供している。

漫画「地上につくる小さな太陽（イーター）」

・文部科学省：
　https://www.mext.go.jp/a_menu/shinkou/fusion/
・ITER Organization：https://www.iter.org/
　https://www.fusion.qst.go.jp/ITER/
・量子科学技術研究開発機構：https://www.qst.go.jp/site/fusion/
・核融合科学研究所：https://www.nifs.ac.jp/index.html
・大阪大学レーザー科学研究所：https://www.ile.osaka-u.ac.jp/
・（一社）プラズマ・核融合学会：http://www.jspf.or.jp/

ITERの
ペーパークラフト

第6章

核融合エネルギーが
実現化すると
どのような世の中になるのか

• • • • • •

核融合で変わる私たちの生活
核融合と電気料金

　高度成長期に思い描かれた未来社会における核融合の役割は、莫大かつ無限のエネルギー源として、人口爆発による食糧危機や、資源のない日本におけるエネルギー危機を解決することだった。持続可能社会を目指す現代においては、地球環境問題を解決するクリーンなエネルギー源であることも重要視されている。一方、エネルギーに関わる個人の価値観は、社会の経済成長によるエネルギー使用量の増大とともに、経済成長論者と環境保護論者のふたつの類型に分かれる傾向にある。このような意見の相違は、例えば原子力推進者と再生可能エネルギー推進者の対立を生み、エネルギー・環境問題の解決にとってブレーキとなり、電気料金の高騰など、社会生活に悪影響を与えることにも繋がりうる。

　核融合は、異なる価値観を持つ人類の共生を可能とするエネルギー源として優れた特性を多数有している。核融合は、最大出力で発電するとともに、付随する水素製造機能がエネルギー貯蔵の役割を担うことによって、再生可能エネルギーの変動を調整する機能を併せもつエネルギー源として、最大電化・水素社会の基幹技術となりうる。核融合によって製造した水素を、水素のまま、または水素から人工燃料を製造して運輸用（自動車、船舶、航空機、宇宙艇）に利用することによって、非電力部門のCO_2排出量も大幅に削減可能となる。水素の原料を水でなくバイオマスとして、バイオマス中の炭素を固定化すれば、CO_2排出量はゼロを超えてマイナスにすることができる。今後の未来社会では、CO_2排出に伴う広範な経済損失を電気料金に反映するしくみの導入が一層進むことが想定されるため、CO_2を出さないで電力を生産できる再生可能エネルギーや核融合エネルギーは、そのコスト上での優位が一層鮮明になることもあり得るだろう。

東京夜景。

▶エネルギー使用量と個人の満足感の関係における4象限

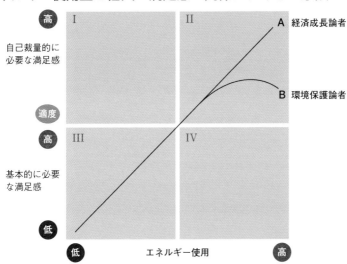

エネルギー使用量が低いときは、基本的に必要な満足感（例えば、おなか一杯食べたい）を満たすために使用されるために、経済成長論者と環境保護論者の満足感は変わらない（III象限）。エネルギー使用量が更に増えると、エネルギー使用量が多いほど自己裁量的に必要な満足感（例えば、美味しいものを食べたい）が満たされる経済成長論者と、自己裁量的に必要な満足感がエネルギー使用量によって影響されなくなる環境保護論者に分かれるようになる（II象限）。エネルギーは使えば使うほど経済成長するので良いと考える経済成長論者もいれば、エネルギーを使うと環境破壊を引き起こすので、なるべく使わない方が良いと考える環境保護論者もいるため、両者ともが合意できる解決方法があることが望ましい。（参考：B.A stout,Handbook of energy for world agriculture）

第二世代の核融合を用いた
核融合ロケット

　核融合は宇宙推進用ロケットエンジンへの応用も有望だ。ロケットで使う核融合反応は、これまで述べた重水素と三重水素の反応ではなく、5億度以上の超高温が必要であるが、燃料の放射性がない第二世代の核融合「重水素と質量数3のヘリウム（^{3}He）の反応」を利用するのが有利だ（右ページコラム参照）。この D-^{3}He 反応では主に高エネルギーイオンが発生する。この超高温プラズマを磁場でガイドし、適量のガスを混ぜて噴射し、大きな推力を発生させることができる。

　ロケットの原理を圧縮空気のエネルギーで水を噴出させて飛ぶペットボトルロケットで学んでおこう。水がないと全体は軽くなるが、圧縮空気だけより、空気圧で重い水を噴射させたほうが遠くまで飛ぶ。より多くの水をより速い速度で噴出させると、大きな推力が出てロケットは遠くまで飛ぶ。水が多すぎると空気圧（エネルギー）が少なくなり、やはり遠くに飛べない。この例では噴射用の水を推進剤という。真空の宇宙でも適切な推進剤がなければ、いくらエネルギーだけがあっても、加速することはできないのだ。

　化学燃焼によるロケットの噴出速度は 5 km/s 程度だ。イオンを電気で加速しプラズマを噴射するイオンロケットなら、噴出速度は化学ロケットより10倍以上速いので、同じ推力を出すための推進剤の量は 1/10 でよい。ロケットの燃費は比推力（右コラム）で表す。核融合ロケットは、超高温プラズマの一部を直接推進用に噴射できるので高比推力で、大推力のロケットが実現可能となる。原子力発電を使うプラズマロケットもあるが重い放射線遮蔽材のため推進性能は核融合のほうが高い。

▶各種ロケットの推力と比推力の関係

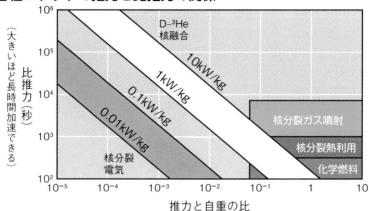

"核分裂ガス噴射"は原子炉内の冷却ガスを直接噴射、"核分裂熱利用"は原子炉の冷媒との熱交換ガスを間接噴射（両方共に現在は開発停止）。"核分裂電気"は原子炉の電力でプラズマを生成・噴射（開発中）。"D-³He核融合"ロケットは推力と比推力共に大きい（計画中）(J.F. Santarius, Fusion Technology Vol.21 (May 1997))。図中の［kW/kg］は比出力で、噴射ジェットパワーとロケット質量の比。"はやぶさ"イオンエンジンは、比推力3100秒、推力/自重比6×10^{-6}、比出力3×10^{-4}kW/kgで、図の左下枠外となる。

ロケットの比推力　　　　　　　　　　　　　　　CO⃝LUMN

　比推力は1kg重の推力を毎秒1kg重の燃料流量で何秒間出せるかを示し、ロケットエンジンの燃費を表す。単位は「秒」だ。推進剤をより高速で噴出できるほど、比推力は大きい。化学ロケットは比推力が200〜500秒だが、イオンを電界で加速するイオンロケットは最大比推力10万秒、核融合ロケットなら100万秒に達する。

種々の核融合反応　　　　　　　　　　　　　　CO⃝LUMN

　第1世代：　重水素（D）＋三重水素（T）→ヘリウム4（⁴He）＋中性子（n）
　第2世代：　重水素（D）＋ヘリウム3（³He）→ヘリウム4（⁴He）＋陽子（p）
　　　　　　　重水素（D）＋重水素（D）→ヘリウム3（³He）＋中性子（n）（50%）
　　　　　　　　　　　　　　　　　　　→三重水素（T）　　＋陽子（p）　（50%）
　第3世代：　陽子（p）＋ボロン（¹¹B）→3×ヘリウム4（⁴He）
　地上のヘリウムは質量4のヘリウム4（⁴He）がほとんどだが、月の表面には質量数が3のヘリウム3（³He）がたくさんあることが、アポロやルナ宇宙船が持ち帰った月の砂の分析でわかっている。また、木星大気にもヘリウム3があることが確認されている。将来の核融合ロケットは燃料採取や低重力の利点があるため、月面基地などから発着することになろう。

6-03

より遠くの宇宙に行くために
火星まで90日以下で行ける

　右上図のように、化学燃焼ロケットで火星に到着するには最初だけ加速し、後は慣性だけで飛ぶ（慣性航行）ので、速度は遅く、10か月程度かかる。航行中乗員は宇宙放射線に曝されるため、有人火星探査では航行期間の短縮が大切である。連続的に加速し続けられる（動力航行）核融合ロケットなら火星まで3か月以下、木星も半年程度で行けると予想されている。通常、右下図のように、地球や月の周りをスパイラル状に加速しながら楕円軌道に沿って航行し、最高速度に到達後、徐々に減速しながら目標の惑星の周回軌道に到達する。遠方になるほど核融合ロケットの威力が発揮されるのだ。

太陽と惑星間の距離 　　　　　　　　　　　　　　COLUMN

　太陽と地球間の平均距離（1.5×10^8km）を天文単位1 au（astronomical unit）で表す。太陽から火星までは約1.4 au、木星5.0 au、土星9.5 au、天王星19au、海王星30 au、"彗星の巣"と呼ばれるオールトの雲*まで数万au、太陽系に最も近い恒星プロキシマ・ケンタウリまでだと4.2光年、27万auである。

小天体の軌道変更に重要な核融合ロケット 　　　　COLUMN

　2019年7月、直径130メートルほどの小惑星が秒速25kmで地球から7万kmの近くを通過したが、分かったのは通過の2時間前だった。また、2013年、約17mの隕石がロシアに落下し、その爆発で1,500人以上がけがをし、7,400の建物が被害を受けた。もっと大きな天体が地球に衝突したら大惨事になるのは疑いない。1km以下の地球近傍小天体は10%程度しか発見されていない。地球への衝突を回避するには、正確な軌道を観測し、小天体にできるだけ早く到達し、長期間に渡り小天体をロケットで押し続けるなどして、軌道をわずかに変更させる必要がある。このような人類と地球の危機を回避するためにも高性能な核融合ロケットの開発は非常に重要である。

＊：彗星のもとになる物質が集まっていると考えられている場所

▶航行課程の違い（化学燃焼ロケットと核融合ロケット）

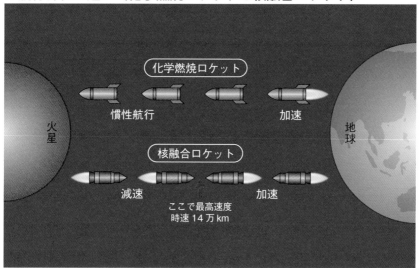

慣性航行の化学燃焼ロケットと動力航行の核融合ロケット。推進剤の噴出速度は化学ロケットで5［km/s］、核融合ロケットでは1000［km/s］。

▶核融合ロケットによる火星への航路

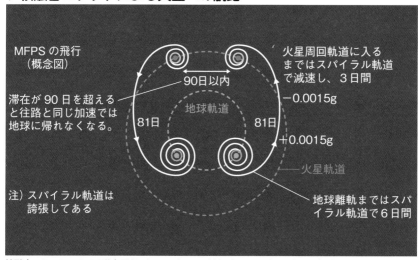

核融合ロケットによる"動力飛行"ならスパイラル状経路にしたがって徐々に加速し、高速の巡航速度に達した後、減速して、火星までの飛行期間を3か月以下にできる。また木星までは、化学ロケットなら3年を、核融合ロケットなら半年程度に短縮できると予想されている（次ページに示すMFPSの例）。

6-04

核融合は人類の未来を変える
人類は太陽系から脱出できるのか

　核融合ロケットにも磁場方式とレーザー方式がある。右上段の図は磁場方式のD-^{3}He反応核融合ロケット（米国MFPS）の概念図である。核融合プラズマの一部をロケット推進用に利用するので、ドーナツ型の磁場核融合装置でなく、直線型の磁場装置になっている。宇宙飛行をするには、エンジン部の他、燃料タンク、乗員居住部、熱を捨てるための大きな放熱板などが必要だ。P.151に示したように火星まで81日である。

　下段の図は、D-T反応レーザー核融合ロケット（米国VISTA）の例で、火星まで3か月だ。レーザー点火で生じたプラズマが磁場中で膨張する反動で加速する。日本独自の高速点火方式（p.92参照）のD-^{3}Heおよびp-^{11}B（p.149の第3世代反応）によるレーザー核融合ロケットは小型・軽量化が可能となり、火星までの飛行時間をそれぞれ40日、および20日以下にできる予想である。太陽系外で最も近い4.2光年の距離にある星（プロキシマ・ケンタウリ星）に行くには化学燃焼ロケットで数万年だが、核融合ロケットなら数100年になり、数世代にわたる家族旅行となる。光速の10%で飛行できる反物質ロケットなら一世代で恒星往復旅行が期待できるだろう。

核融合が拓く未来の世界　　　　　　　　　　COLUMN

　核融合により、地上におけるエネルギー問題（電気と水素製造）および環境問題（温暖化ガスと長寿命核廃棄物）を解決できるが、それ以上に大切なのは、宇宙におけるエネルギー問題（深宇宙の太陽光不足）および環境問題（宇宙ゴミと小惑星の衝突）も解決できることである。このように、核融合は、地球と人類の持続的発展と深宇宙への冒険を可能にする鍵であり、人類の未来を拓く技術である。

▶磁場方式核融合ロケット

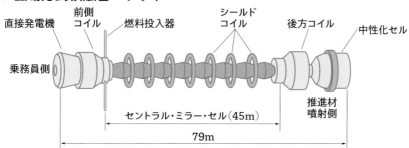

直線型D-^{3}He磁場核融合ロケットMFPS（米国）のエンジン部。別途、乗員居住部、燃料タンク、放熱板などが必要。S. Carpenter (LB Lab.) & M.E. Deveny (McD.D.C.), 43rd Cong. Int. Astro. Fed. (1992) を元に作成。 木星磁気圏から着想した双極子磁場D-^{3}He核融合ロケットの提案もある。E. Teller, A. Hasegawa, et al., Fusion Tech., Vol.22, 82-97 (1992)。

▶レーザー方式核融合ロケット

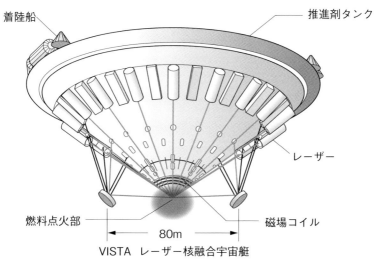

VISTA　レーザー核融合宇宙艇

DT反応レーザー核融合ロケットVISTA（米国LLNL）の概念図。C.D. Orth, et al., UCRL-TR-110500 (2003) を元に作成。日本独自の高速点火方式D-^{3}Heレーザー核融合ロケットはVISTAより小型になり火星まで40日（H. Nakashima, et al., IAC-05-C3.5-C4.7.07, 2005）、さらに、H. Nakashimaらはp-^{11}Bレーザー核融合ならより小型・軽量化でき、火星まで20日と予想。

おわりに

　本書の執筆中、世界は新型コロナウイルスの猛威に晒されており、日本においても危機から脱したとはいえない状況にある。未だワクチンが存在しないこともあり、経済活動を優先すべきか、人命を優先すべきかという議論が繰り返されている。同じような文脈の議論は、エネルギー・環境問題においても、経済活動と環境保護を対立項として繰り返されてきた。両者に共通するのは、悲劇は急速に進行しうるが、それを食い止めるための対策には時間がかかるということだ。

　ただし、疫病対策と環境保護対策では異なる点もある。新種の疫病に対しては、その出現前にワクチンを開発することは不可能だが、エネルギー・環境問題に対しては、悲劇的な環境破壊やエネルギー不足が生じる前に対策を開始できるのだ。実際に、資源に乏しく、また歴史的に独自の環境保護の文化をもつ日本は、高度成長期においてさえも経済優先に走り過ぎることなく、省エネ、再生可能エネルギー、原子力、そして核融合エネルギーと多種多様なエネルギー技術開発への投資を国家的に進めてきた。それぞれの技術には、時を経て既に実現したものもあれば、実現しても諸外国との競争に敗れたものや、社会的に受け入れが困難になっているものもある。一方、核融合は実現が最も難しい未来エネルギー技術であると認識されてきたが、国際的・国家的プロジェクトは様々な技術的・社会的困難を乗り越えつつあり、加えて民間の投資も活発化していることは本書にて紹介した通りである。核融合が自らの将来や人類の未来をより良いものにするために投資すべきエネルギー技術であるか、あるいは自ら参画して実現を加速すべき対象であるか、読了後の皆さんが心に決めていただけたなら、「核融合エネルギーのきほん」を伝えるという本書の主目的は果たされたことと思う。

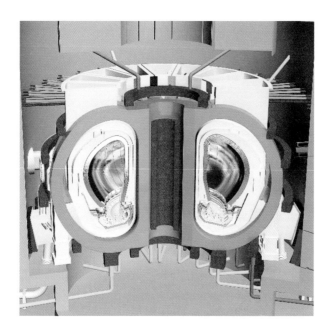

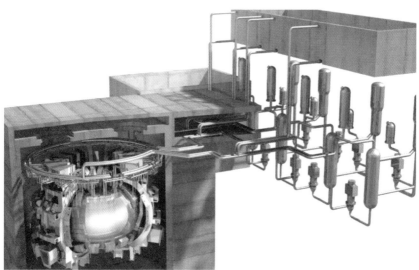

日本の核融合原型炉の概念図（上下とも）
2040年代に核融合での発電実証を目指している日本の核融合原型炉（実用化への最終段階の装置）の概念図。150万キロワットの熱出力と、安定した数十万キロワットの電気出力を計画している。
（図提供：量子科学技術研究開発機構）

核融合関連施設一覧
～日本と世界の核融合関連施設・研究所紹介

【日本の核融合関連研究施設】

●量子科学技術研究開発機構　核融合エネルギー部門

　・那珂核融合研究所（茨城県那珂市）：JT-60SA で世界をリード

　・六ヶ所核融合研究所（青森県六ヶ所村）：核融合炉設計と材料開発
　　用加速器 LIPAc

●自然科学研究機構　核融合科学研究所（岐阜県土岐市）

　・TV ドラマでも良く使われる大型ヘリカル装置 LHD の制御室

●大阪大学　レーザー科学研究所（大阪府吹田市）

　・ノーベル賞技術を使ったペタワットレーザー LFEX と激光 XII 号

●筑波大学　プラズマ研究センター（茨城県つくば市）

　・直線磁場装置でダイバータ模擬実験の Gamma-10 装置

●京都大学　エネルギー理工学研究所（京都府宇治市）

　・ヘリオトロン配位発祥の地の Heliotron-J 装置

●九州大学　応用力学研究所（福岡県春日市）

　・リンゴのような形をした球状トカマク QUEST 装置

●富山大学　水素同位体科学研究センター（富山県富山市）

　・核融合の燃料である三重水素の取り扱い研究拠点

●プラズマ・核融合を学べる大学　https://www.nifs.ac.jp/study/

　・研究内容、講義科目、卒研や大学院での研究テーマを掲載

【世界の核融合関連研究施設】

●ITER機構（フランス　サン・ポール・レ・デュランス）

　・日本・欧州・米国・ロシア・中国・韓国・インドの6国＋1地域が
　　日本から1万 km 離れたマルセイユ郊外の南フランスに集結

- 英国のカラム（Culham）研究所：JETトカマクで16MWの核融合出力を発生
- ドイツのマックス・プランク（Max-Planck）研究所：ASDEX-Upgradeトカマク（ガルヒン）とW7-Xヘリカル（グライスバルド）
- フランスのCEA研究所：ITER隣接サイトに超伝導トカマクWEST
- スペインのシーマット（CIEMAT）研究所：立体磁気軸ヘリカル装置TJ-II
- 米国
  - プリンストンプラズマ物理研究所（Princeton Plasma Physics Laboratory）：かつて8の字ステラレータや大型トカマクTFTRなどが建設され、現在は球状トカマクNSTX
  - ジェネラルアトミックス（GA）社：大河千弘氏が立ち上げたDIII-D
  - ローレンスリバモア国立研究所（Lawrence Livermore National Laboratory）：世界最大のレーザー装置NIF
- ロシアのクルチャトフ（Kurchatov）研究所：トカマク発祥の地。T-10トカマクが稼働中
- 中国
  - 中国科学院（Chinese Academy of Sciences）等离子体物理研究所（合肥）：中型超伝導トカマクEAST
  - 西南物理研究所（Southwestern Institute of Physics）（成都）：中型トカマクHL-2M
- 韓国の国立核融合研究所（National Fusion Research Institute）：中型超伝導トカマクKSTAR
- インドのプラズマ物理研究所（Institute for Plasma Research）：中型超伝導トカマクSST-1
- イタリア、スイス、チェコ、スウェーデン、オランダ、オーストラリア、ブラジル、コスタリカなどの国々でも、中小型のトカマクやヘリカル装置が建設・稼働中

▶用語解説
（　）内は初出ページ

F82H鋼（p.68）

日本が核融合用に開発した材料で、フェライト鋼。合金の成分を改良して、中性子を浴びてもあまり放射化しないように工夫されている。

ITER機構（p.3）

ITER（イーター）を建設運用するために、国際協定によって2007年10月24日に設立された国際機関で、南フランスにある。

ITER機構のサイト　https://www.iter.org/

ITER計画（p.54）

ITERはイーターと読む。日本、米国、欧州、ロシア、中国、韓国、インドの6国と1地域（7極という）の国際協力で建設を進めている核融合実験炉計画の名称。ITERは2007年より南フランスに建設中である。

JT-60（p.6）

1985年に完成した日本の核融合実験装置。磁場閉じ込め方式の一つであるトカマク型を採用。その後、JT-60Uに改修。これらは銅コイルを用いていたが、いったん解体後、2020年4月に超伝導コイルを使ったJT-60SAが完成した。

LHD（p.8）

磁場閉じ込め方式の一つであるヘリカル型の実験装置。ヘリカル型としては世界で初めて超伝導コイルを用いた。

TOE（p.111）

石油換算トンといい、Tonne of Oil Equivalentの頭文字。石油1トンが出すエネルギーを単位として表したエネルギー量。

アルファ粒子（p.60）

陽子2個と中性子2個からなるヘリウムの原子核が、高エネルギー状態で飛翔している時、アルファ粒子と呼ぶ。放射線の一つであるアルファ線の正体はアルファ粒子である。

慣性閉じ込め方式（p.52）

核融合燃料をレーザーなどで瞬間的に核融合温度まで加熱すると、すぐに飛び散るが、その飛び散る時間はゼロではなく、物質に慣性があることによって有限の時間がかかる。

そのわずかな時間の間に核融合反応を起こそうとする方式を慣性閉じ込め方式呼ぶ。

原子核（p.30）

原子は原子核とそれを周回する電子で構成されている。原子核は陽子と中性子から構成され、正の電荷を有している。

高速増殖炉（FBR）（p.46）

核燃料であるプルトニウム239を使った核分裂炉では、核分裂を起こさないウラン238に高速の中性子をあてることによりプルトニウム239に変えることができる。このように、核燃料であるプルトニウム239を増産できる核分裂炉を高速増殖炉という。

高電圧直流送電（p.120）

電力を遠くまで伝送する時には、電線の中での電力の損失が問題になるので、できるだけ高電圧・低電流で送るのが有利である。また交流より直流の方が損失が少ないので、高電圧の直流で送電することが多い。

サイクロトロン運動（p.78）

電気を持つイオンや電子は、磁場があると力を受け、磁力線の周りを周回運動をする。これをサイクロトロン運動という。

三重水素（34）

トリチウムの項を参照。

質量保存の法則（p.128）

化学反応では、反応の前後で物質の総質量は変わらない。これを質量保存の法則と呼ぶ。一方、核融合のように原子核が合体するような核反応では、反応後の総質量は、反応前より少し軽くなり、質量保存の法則が成り立たない。

磁場閉じ込め方式（p.52）

プラズマが磁場に巻き付き、磁力線を横切って逃げられないことを利用して、超高温の核融合プラズマを閉じ込める方式。

重水素（p.34）

トリチウムの項を参照。

真空容器（p.60）

核融合プラズマを維持するには、冷えないように、また不純物が入らないように、真空の空間が必要になる。その真空を維持するための密閉された入れ物を真空容器と呼ぶ。

増殖材（p.66）

三重水素を生産（増殖）するためにブランケットに充填される材料を増殖材と呼ぶ。リチウムが中性子を吸収することにより三重水素が生産されるので、増殖材はリチウムを沢山含む固体状の化合物や液体金属である。

ダイバータ（p.61）

プラズマから漏れでた粒子や熱エネルギーを受け止めて、排気・排熱するために設置された装置。

中性子（p.34）

原子核を構成する粒子の一つ。陽子と異なり電気を帯びていない。重さは陽子よりわずかに軽い。

中性子星（p.134）

通常の恒星は高温プラズマでできているが、核融合燃焼が終わり、全物質が重力によって内向きに崩落すると、条件によっては、原子核も電子も押しつぶされて、中性子が集合した星になる。これを中性子星という。

テスラ（T）（p.58）

磁場の強さ（磁束密度）の単位。同様の単位であるガウス（G）と比較すると、1 T ＝ 10 kG である。

トーラス（p.52）

真ん中に穴があるドーナッツの形状を、技術用語ではトーラスと呼ぶ。

同位体（p.34）

原子核は、陽子と中性子の集合体である（なお水素だけは陽子のみ）。陽子の数が元素としての性質を決めるので、陽子の数ごとに水素、ヘリウム、リチウムという元素名が付いている。ただし同じ元素でも中性子の数が異なり、原子核の重さが違うものがある。これを同位体という。

トリチウム（p.114）

普通の水素は原子核が陽子1個だけからなるが、水素同位体には、陽子1個に中性子1個が加わった重水素と、中性子2個が加わった三重水素がある。トリチウムは三重水素の英語名。

フェライト鋼（p.68）

体心立方構造を持つ鉄鋼材料の総称で、耐熱鋼として火力発電所のボイラーなどにも用いられている。身近に用いられる面心立方構造を持つ通常のステンレス鋼が非磁性である

のに対して、強磁性体である。

体心立方構造　　　　　面心立方構造

ブランケット（p.60）

核融合炉心プラズマを取り囲むように設置された壁状構造体で、核融合反応で発生した中性子を受け止める。ブランケットの役割は、中性子のエネルギーを熱として取り出す、三重水素を生産する、中性子を遮蔽するの３つである。

ヘリウム３（p.136）

ヘリウムの大多数は、陽子２個と中性子２個からなる質量数が４の原子核を持つが、同位体として中性子が一つ少なく質量数が３のヘリウムがある。これがヘリウム３で、記号では^{3}Heと書く。

ヘリウム燃焼（p.42）

恒星の中の核融合は、誕生初期は水素の核融合反応である。しかし水素を燃やしつくし、さらに高温になってヘリウムの核融合を始める星がある。これをヘリウム燃焼を起こした恒星という。

崩壊熱（p.18）

原子核が放射線を出して別の原子核（原子）に変わる元素を放射性物質と呼ぶ。これを原子核の崩壊と呼び、その時に放出される放射線のエネルギーを崩壊熱という。

マイクロ波（p.78）

電磁波（電波）の一種で、周波数が300MHzから300GHz（波長が１mから１mm）の電波をマイクロ波と呼ぶ。

陽子（p.30）

原子核を構成する粒子の１つ。普通の水素の原子核は陽子１つでできている。

レーザー核融合方式（p.52）

慣性閉じ込め方式において、瞬間加熱をレーザーで行う方式。ほかには粒子ビーム、パルス放電などでの加熱法も提案されている。

あとがき
〜それぞれに思うこと〜

　非常にローカルな人達だけで盛り上がった映画として「翔んで埼玉」が挙げられよう。埼玉県民を風刺した映画ではあるが、埼玉県の片田舎で生まれ育った者として、我が故郷を想い見つめなおす良い機会となった気がする。また最近では、私が住んでいる浦和が住みたい街ランキングで上位に進出してきている。自分の住んでいる街が高く評価されているのは嬉しいものである。翻って見るに、核融合は我が研究の故郷である。"埼玉"のように核融合も、支援のみならず批判も含め世の中からもっと注目してもらいたいし、そこに暮らす住民（研究者）としては、故郷（核融合）の良さをもっとアピールし沢山の人達と一緒に、住みよい平和な世界（核融合エネルギーの実現）を目指したいと考える今日この頃である。　　　　（2020年10月　小川雄一　さいたま市の自宅にて）

　小学3年生の頃、星々や太陽の輝きの源が核融合であることを知った私は、核融合を「研究」する科学者になることを夢見ました。今では大学において同僚や学生達と、核融合炉の厳しい環境に耐えるような材料の研究開発を進めています。子どもの頃に抱いた夢はかなったのです。しかし、私は満足していません。新たな夢として、核融合を「実現」する科学者になることを目指しています。先人がレールを敷いてくれた核融合実験炉ITERプロジェクトは着実に進んでいますが、ITERの成功後には、核融合エネルギーを実際に社会で利用できることを示す核融合原型炉プロジェクトの出番が来ます。私の専門家としての仕事は、原型炉に用いられる材料の研究開発を進めることと、その中で後進となる人材を育成することとなります。加えて、核融合エネルギーの実現という壮大なプロジェクトが、一般社会から遊離した科学者だけの孤立したも

のとならないように、両者の対話の仕掛け作りも進めていきたいと考えています。本書が、そのための最初のツールとして、広く活用されることを願っています。

（2020年10月22日　笠田竜太　びわ湖のほとりにて）

　有名なSF映画「2001年宇宙の旅」が1968年に公開されたとき、私は中学生でした。人類は、宇宙人の遺跡に誘導され、核融合推進の宇宙船で木星に向かうのです。でも現実は、木星どころか火星にさえ、まだ人類は足跡を残せていません。私にとって、宇宙時代はまだ来ていないのです。2003年に起こった火星大接近では、私が撮った火星写真は天文年

2003年8月24日撮影

鑑2004年版（誠文堂新光社）の表紙にしてもらいました。それは天体写真家として名誉なことでしたが、私の本当の気持ちは、『2003年に、まさか地上から火星を撮影しているとは…』だったのです。でも、もう一つの私の夢、核融合の実現は画期的に近づきました。人類史上最大のプロジェクトで核融合実験炉ITERの建設が進んでいます。本書巻頭の写真はSF映画のようですが、これは現実です。中学生の私が夢見た「核融合時代」はもうすぐです。本書を手にした皆様と、その驚きを分かちあえれば、著者の一人として大変うれしく思います。

（2020年10月　岡野邦彦　自宅にて）

▶索引

●執筆協力者

藤岡慎介　　大阪大学レーザー科学研究所　教授　（2-11）
小西哲之　　京都大学 エネルギー理工学研究所 教授　（4-1、4-2）
東島 智　　国立研究開発法人 量子科学技術開発機構 核融合エネルギー部門
　　　　　　研究企画部 部長（4-3）
郷田博司　　TAE Technologies, Inc. ,VP of Operations,Program Manager of
　　　　　　Norman/C-2W（4-4）
門 信一郎　京都大学エネルギー理工学研究所　准教授（5-1）
犬竹正明　　東北大学 名誉教授（6-2 ～ 6-4）

■写真・図
ESA・NASA ／ ITER 機構／ LIGO ／ NOAA・NASA/TAE Technologies,Inc. ／ United Nations
Sustainable Development Goals ／青栁敏史・子供の科学／大阪大学レーザー科学研究所／岡野邦
彦／国立天文台・宇宙航空研究開発機構／核融合科学研究所／東芝エネルギーシステムズ株式会社／
マックス・プランク研究所／三菱重工業株式会社／量子科学技術開発機構／ワイエイシイビーム
株式会社
その他、図の作成に関し、一部、掲載ページに出典先や URL を明記。

■ PHOTO ライブラリ
PIXTA・まちゃー（147）／ photoAC・MuddyFox（25）、taya27mu（79）
■イラスト作成
有限会社ケイデザイン　かじたけんぞう
■デザイン・DTP
プラスアルファ

謝　辞

　核融合分野では文部科学省・研究機関・大学が一体となってアウトリーチ活動の司令塔となるアウトリーチヘッドクォーター（以下、HQ）が設置されました。今まで研究所や研究者が独自のアイデアとコンテンツで推進してきたアウトリーチ活動を HQ が総合的、俯瞰的に束ねています。本書も HQ 活動の一環としてまとめられたものであり、HQ メンバーの方々には色々とご支援・ご協力いただきました。また、本書の製作にあたり、研究機関、企業や団体、研究者などの個人の方々から、写真、図、その他貴重な資料をご提供いただきました。特に量子科学技術研究開発機構、核融合科学研究所および大阪大学レーザー科学研究所にはたくさんの図、写真、資料をご提供いただきました。

　おかげさまで、本書を発行することができました。ご協力いただいた皆様には、心より感謝申し上げます。

著者プロフィール＜五十音順＞

岡野邦彦（1953 年 11 月 19 日生）
東京大学大学院工学系研究科 博士課程修了。工学博士。㈱東芝 R&D センター、電力中央研究所、国際核融合エネルギー研究センター（副事業長）、慶應義塾大学機械工学科（教授）を経て、現職は株式会社ＯＤＡＣ取締役。文部科学省 核融合科学技術委員会委員、同核融合開発戦略タスクフォース主査（2021 年まで）。プラズマ物理を基盤に、炉工学まで広く含めた核融合炉の概念設計を研究してきた。天体写真家としても知られ、本書に使われている天体画像も一部提供している。

小川雄一（1953 年 9 月 1 日生）
東京大学大学院工学系研究科 博士課程修了。工学博士。名古屋大学プラズマ研究所、核融合科学研究所、東京大学工学部・工学系研究科、高温プラズマ研究センターおよび新領域創成科学研究科（教授）を経て、2019 年 3 月に東京大学を定年退職。東京大学名誉教授。文部科学省 核融合科学技術委員会主査（2021 年まで）。核融合プラズマ実験や核融合炉設計を中心に研究・教育を行ってきた。（一社）プラズマ・核融合学会で高校生シンポジウムを立ち上げるなど、アウトリーチ活動も積極的に推進している。

笠田竜太（1972 年 11 月 27 日生）
東北大学大学院工学研究科 修士課程修了。京都大学大学院エネルギー科学研究科 博士後期課程修了。博士（エネルギー科学）。京都大学エネルギー理工学研究所を経て、現職は東北大学金属材料研究所教授。文部科学省 核融合科学技術委員会核融合開発戦略タスクフォース委員。核融合炉材料、粉末冶金、材料強度を専門としつつ、科学技術コミュニケーターとして核融合や材料の研究の面白さや難しさを社会と共有するための活動を推進中（北海道大学科学技術コミュニケーター養成プログラム 13 期生）。

図解でよくわかる

核融合エネルギーのきほん

世界が変わる夢のエネルギーのしくみから、環境・ビジネス・教育との関わりや将来像まで

2021 年 1 月 21 日　発　行	NDC543
2023 年 4 月 5 日　第 3 刷	

編　者　「核融合エネルギーのきほん」出版委員会
発行者　小川雄一
発行所　株式会社 誠文堂新光社
　　　　〒113-0033 東京都文京区本郷 3-3-11
　　　　電話 03-5800-5780
　　　　https://www.seibundo-shinkosha.net/
印刷所　広研印刷 株式会社
製本所　和光堂 株式会社

ISBN978-4-416-62056-4